AF499399

O BRASILEIRO

Osório Barros

O BRASILEIRO

Editora MEPE

Todos os direitos reservados pela Editora MEPE®. Nenhuma parte desta publicação poderá ser reproduzida, seja por meios mecânicos, eletrônicos, seja via cópia xerográfica, sem autorização prévia da Editora MEPE®.

A Editora não se responsabiliza pelo conteúdo da obra, formulada exclusivamente pelo(s) autor(es).

Capa: Osório Barros.

Dados Internacionais de Catalogação na Publicação (CIP)
(Câmara Brasileira do Livro, SP, Brasil)

Barros, Osório

O Brasileiro / Osório Barros – Curitiba, Editora MEPE®, 2024.

1º Edição, Curitiba, 2024.

116 p.

ISBN: 978-65-6015-189-5

1. História do Brasil.

---

981 (CDD)

[2024]

Todos os direitos desta edição reservados a Editora MEPE LTDA.

SUMÁRIO

INTRODUÇÃO

"A HISTÓRIA MOLDA NÃO APENAS O DESTINO DAS NAÇÕES, MAS TAMBÉM A VIDA DE CADA INDIVÍDUO QUE A VIVENCIA."

Considerando que a história moldou e influenciou o que somos e como vivemos hoje, esta narrativa apresenta a trajetória de vida de um cidadão brasileiro nascido em 1953. Através de sua história, serão descritas as diferentes condições políticas e sociais do Brasil em cada fase de sua existência.

Ao longo deste relato, a vida desse brasileiro é contada em paralelo ao contexto político e social do país desde 1953, com destaque para o desenvolvimento tecnológico e os eventos políticos, sociais e culturais que impactaram tanto sua vida quanto a da população brasileira. Também será explorado como, ao longo dos anos, ele desenvolveu suas próprias visões políticas e sociais com base nas experiências vividas e nas transformações do país.

O texto busca abordar não apenas a vida pessoal do protagonista, mas também os eventos históricos significativos que moldaram o Brasil antes, durante e após o período da ditadura militar. Ele destaca a dualidade entre a vida cotidiana do protagonista e os conflitos políticos e sociais que ocorriam no país, oferecendo uma perspectiva abrangente sobre um período conturbado da história brasileira.

Refletir sobre o período recente da história do Brasil pode levar o leitor a reconhecer que o povo brasileiro é, em sua essência, ordeiro e não violento, e que ainda assim é capaz de defender sua liberdade e a do país. É importante questionar se não estamos sendo manipulados por notícias falsas para nos engajar em disputas em favor de determinados políticos, cujo objetivo pode ser obter apoio para sua própria defesa ou benefício pessoal.

O passado tem influência no presente e no futuro, e é importante aprender com ele para criar um futuro melhor.

CAPÍTULO 1

"INFÂNCIA NO INTERIOR E CAPITAL PAULISTA: RAÍZES, AVENTURAS E DESCOBERTAS DO BRASILEIRO"

No mês de setembro do ano de 1953, nasceu em uma cidade pequena do interior do estado de São Paulo o primeiro filho de um casal formado por uma professora primária e um lavrador. Esse menino será chamado de Brasileiro.

Seus avós paternos foram para aquela cidade do interior de São Paulo devido à contratação de seu avô para ser administrador de uma fazenda. Após alguns anos de trabalho e economia, adicionada às economias que já possuía, conseguiu dinheiro para comprar a sua fazenda, que passou a tocar com a ajuda parcial dos filhos. Seus avós paternos tiveram sete filhos, cinco homens e duas mulheres, dos quais seu pai foi o terceiro filho a nascer. O Brasileiro conviveu muito pouco com seus avós paternos, posto que seu avô faleceu quando ele tinha dois anos e sua avó quando tinha sete anos.

Seu avô materno morreu muito jovem. Sua avó, viúva e com a futura mãe do Brasileiro ainda menina, foi para aquela cidade por ter parentes que residiam lá. O Brasileiro não conviveu com nenhum dos avós maternos, pois ambos já haviam falecido quando ele nasceu. Seus avós maternos tiveram uma única filha, sua mãe.

Brasileiro herdou características das etnias italiana, francesa e espanhola por parte da mãe, e portuguesa e indígena por parte do pai.

O ano do nascimento do Brasileiro foi marcado pelo fato de termos como presidente do Brasil Getúlio Vargas, que havia retornado ao poder em 1951 após vencer as eleições presidenciais. Presidente que exercia forte influência sobre todos os aspectos da vida política do país. Durante o governo Vargas, interrompido em 1954 pelo seu suicídio, houve um esforço para um processo de industrialização acelerado. Este esforço foi adotado e impulsionado pelo seu sucessor, Café Filho, com políticas que buscavam promover o crescimento econômico, a industrialização e a modernização do país.

Em resumo, o Brasil em 1953 era um país em transição, passando por mudanças econômicas, políticas e sociais significativas, mas ainda enfrentando desafios persistentes em termos de desigualdade e desenvolvimento social.

Uma cidade pequena do interior tinha um ambiente propício para dar as boas-vindas ao Brasileiro, um menino nascido em 1953, cercado pelo amor e apoio de sua família.

Com o passar dos anos, o Brasileiro foi matriculado em uma escola infantil municipal com atividades lúdicas diversas, como parquinho com balanços, desenho e montagens, sem a finalidade de alfabetização, que era chamada de Parque Infantil.

Por volta de cinco anos após seu nascimento, sua mãe passou a lecionar em uma escola, na época chamada de isolada por estar localizada na área rural, e passou a levá-lo junto para as aulas. O Brasileiro brincava fora da sala de aula e, quando cansava, ficava parado, observando, esperando a aula terminar para irem embora. Não participando diretamente das aulas. Com seis anos, para a surpresa da mãe, ela descobriu que ele estava praticamente alfabetizado, a partir da observação das aulas de sua mãe. Assim sendo, ela optou por matriculá-lo no grupo escolar da cidade.

Em uma época em que a televisão estava fora do alcance das pessoas, a família, enquanto fazia refeições caseiras na mesa da cozinha, conversava sobre seu dia, era um momento gostoso e proveitoso.

Nesta época também, um programa de desenvolvimento implantado pelo presidente Juscelino Kubitschek, "50 anos em 5", que buscava expandir a economia do país, com a construção de rodovias, expansão da indústria automobilística, geração de energia elétrica e outros, gerava uma expectativa positiva na população brasileira em geral.

Apesar do programa desenvolvimentista, o mais marcante foi a transferência da capital do país do Rio de Janeiro para Brasília. Uma cidade construída do zero e planejada para ser a capital do país, tendo por objetivo/justificativa promover a interiorização do desenvolvimento e uma melhor integração entre diferentes regiões do Brasil.

Dois setores que tiveram crescimentos significativos nesse período, foram a indústria automobilística e a de tecnologia. No setor automobilístico, a razão principal foi a criação da Lei de Incentivos Fiscais para a Indústria Automobilística. Esta lei oferecia benefícios fiscais e tarifários para empresas estrangeiras que se comprometessem a investir na produção local de veículos. No setor de tecnologia, a razão foi a demanda crescente por equipamentos de telecomunicações das empresas e do governo brasileiro com a construção da nova capital federal, Brasília.

Das facilidades atuais, o carro e a televisão eram um luxo reservado para muito poucos, desta forma, para adultos e adolescentes, restava o cinema e a leitura. Também tinham os encontros na praça, nos bares e sorveterias, além do clube e, esporadicamente, bailes. Para as crianças, brincadeiras na rua e clube.

Era o ano de 1961, e a vida seguia seu ritmo tranquilo e familiar. O Brasileiro ia regularmente ao cinema na companhia de seu padrinho de crisma, que era o irmão mais velho do seu pai.

Em uma dessas idas ao cinema, um filme foi marcante na vida do Brasileiro. O filme que assistiram naquela tarde foi o épico Ben-Hur, que mexeu com a imaginação do Brasileiro. Após assistir ao filme, sua curiosidade foi aguçada e ele sentiu um impulso irresistível de mergulhar mais fundo na história que tinha acabado de presenciar. Esse impulso foi o que o levou a ler seu primeiro livro, aquele que inspirou o filme Ben-Hur.

Essa experiência abriu sua mente para a aventura, drama e paixão e moldou seu gosto pela leitura.

O presidente Juscelino Kubitschek foi sucedido por Jânio Quadros, eleito em 1960, com uma campanha de estilo populista, com promessas de combate à corrupção e moralização da política. Jânio Quadros ocupou a presidência do Brasil por um curto período, de janeiro a agosto de 1961, quando renunciou ao cargo. Supostas pressões políticas e militares foram apresentadas por ele, como algumas das razões que o levaram à renúncia. Tornou-se conhecido por manifestar uma personalidade excêntrica e decisões polêmicas durante seu curto mandato, como, por exemplo, proibir o uso de biquínis nas praias.

A renúncia de Jânio Quadros deixou o pai do Brasileiro e outros brasileiros preocupados com a instabilidade política, temendo pela segurança e futuro de sua família.

Seu sucessor foi seu vice-presidente João Goulart, também conhecido como Jango. Considerado um líder progressista, ele promoveu uma série de reformas sociais e econômicas.

A mãe do Brasileiro, na época, não era professora efetiva e, para assumir uma cadeira, como se dizia naquele tempo, aceitou ser transferida para lecionar no Grupo Escolar da Colônia Japonesa, no bairro de Itaquera, na cidade de São Paulo. Este fato se deu quando o Brasileiro estava concluindo o segundo ano primário, em 1961.

Uma nova experiência iniciava-se na vida do Brasileiro. Com medo e expectativa sobre o que iriam encontrar pela frente, mudaram-se para São Paulo. Seus pais, ele e duas irmãs mais novas.

A mudança de uma cidade do interior para a periferia da grande cidade de São Paulo, por incrível que pareça, na época não afetou muito a vida diária do Brasileiro. As ruas eram tranquilas e as crianças brincavam na rua e nos campos abertos que na época ainda existiam, com liberdade e segurança. Havia até uma lagoa próxima de onde moravam, onde ele e seus amigos iam nadar escondidos.

Moravam em uma casa com um quintal grande, onde tinha um pessegueiro, uma ameixeira, uma goiabeira, um limoeiro, um chuchuzeiro e um galinheiro, sem galinhas. No quarteirão onde ficava a casa, também moravam seus amigos. Zé Raul, sempre de bem com todos, morava em uma chácara onde tinha um centro espírita, chácara onde ele e seus amigos frequentemente exploravam, criando aventuras imaginárias. Neno, que nem sempre participava das brincadeiras, cujo pai trabalhava com reparos e reformas em sofás e estofados, nos fundos da sua casa. Zezinho, arredio, talvez pela rigidez do pai, que era bombeiro. Carlinhos, líder briguento e respeitado pelos outros meninos, filho de imigrantes húngaros, que na época já trabalhavam "home office", prestando serviço de montagem de caixas de papelão para algum fornecedor da região. Provavelmente trabalho clandestino. E também um garoto, que era filho de um alemão, dirigente de uma indústria da região, que raramente participava das brincadeiras de rua. No mesmo quarteirão moravam, além de suas irmãs, as meninas Mariazinha, Antônia, Angela e a mais velha e mais bonita, Arlete, embora o Brasileiro não tivesse, com as meninas, a mesma proximidade que tinha com os meninos. As brincadeiras eram: futebol, taco, salva, bolinha de gude, pião e queima. Esta última, a única com a participação das meninas.

O Brasileiro estava bem servido de natureza e amigos.

A mudança, no entanto, foi mais sentida pelo pai do Brasileiro, que teve de abandonar sua atividade na fazenda que compartilhava com seus irmãos, para iniciar uma nova atividade. O seu pai encontrou um velho conhecido que tinha uma empresa que revendia farinha de trigo, açúcar, milho e outros produtos e passou a trabalhar com ele. O escritório da empresa ficava na rua 7 de Abril, no centro de São Paulo. Realmente uma vida nova.

As informações e as notícias eram recebidas pela maioria da população, através dos jornais e pelo rádio.

O rádio era o grande veículo de informação e notícias, principalmente porque era de fácil manuseio e acessível para um número maior de pessoas. O rádio também era veículo de diversão pelas músicas apresentadas, rádio novelas e pela interação dos locutores com os ouvintes.

Em 1963, o pai do Brasileiro comprou a primeira televisão da família. O Brasileiro rapidamente adaptou-se à novidade e tinha como atrações prediletas Rin Tin Tin, O Vigilante Rodoviário e Zorro. Posteriormente acrescentou o Nacional Kid.

Nesta época, a chamada Guerra Fria, iniciada no final da Segunda Guerra Mundial, quando havia muita tensão entre a União das Repúblicas Socialistas Soviéticas e os Estados Unidos e quando Winston Churchill falou em discurso sobre a existência de uma "cortina de ferro" dividindo a Europa, era notícia frequente nos noticiários em 1962/63 e início de 1964.

Alguns fatos contribuíram para ela tornar-se tão presente na época. Destacam-se quando os Estados Unidos descobriram que a União Soviética havia criado uma base com mísseis nucleares em Cuba em outubro de 1962. A existência dos mísseis em Cuba era uma ameaça direta aos Estados Unidos e, durante treze dias, o mundo esteve à beira de uma guerra nuclear. O conflito foi resolvido quando o governo soviético, liderado por Nikita Kruschev, concordou em retirar os mísseis de Cuba e os Estados Unidos, presidido por John Fitzgerald Kennedy, pelo seu lado, retirariam seus mísseis da Turquia e não invadiriam Cuba.

Outro fato importante foi o assassinato do presidente dos Estados Unidos, John F. Kennedy, em 22 de novembro de 1963.

Nessa época, o Brasileiro, influenciado pelas notícias, na sua inocência e desejo de proteger-se, construiu um abrigo para ser utilizado no caso de guerra ou invasão do Brasil pelos soviéticos. Ele fez um buraco, que ele chamava de subterrâneo, embaixo do limoeiro do seu quintal e o cobriu com uma folha de zinco, deixando uma parte como porta, que deslizava, abrindo e fechando. Sendo o restante da cobertura do subterrâneo coberto com terra e parte dos galhos do limoeiro.

O Brasileiro cursou o terceiro ano primário no Grupo Escolar de Itaquera e, em 1963, foi transferido para o Grupo Escolar da Colonia Japonesa para cursar o quarto e último ano do curso primário.

A mudança abriu uma nova realidade para o Brasileiro. O contato com uma cultura onde a amizade, o respeito e a lealdade eram ensinadas e valorizadas foi de grande proveito para a formação do Brasileiro, incluindo o patriotismo. A cultura japonesa tinha grande importância para os japoneses, tanto que uma boa parte dos seus colegas de escola, além do grupo escolar, frequentavam uma escola japonesa, onde as aulas eram ministradas na língua japonesa.

O Brasileiro observou que os desenhos mais comuns, que seus colegas japoneses faziam, eram navios e aviões. Alguns desenhos com aviões de caça soltando bombas. Ele concluiu, apesar da idade, que, provavelmente, estes desenhos eram decorrentes das fortes lembranças da Segunda Guerra Mundial por parte dos mais velhos. As situações da guerra terminada 18 anos antes, vivenciadas ou não, deviam ser partilhadas dentro das famílias de seus colegas de escola.

Neste ano também conheceu uma professora do Grupo Escolar da Colônia Japonesa, chamada Iná, que algumas vezes por semana hospedava-se na sua casa, pois não morava perto e tinha que lecionar em Itaquera. Dona Iná, uma professora dedicada e fonte de inspiração para o Brasileiro, desempenhou um papel crucial em suas ambições, sendo um exemplo de disciplina e dedicação. E pela primeira vez, o Brasileiro percebeu que a beleza feminina chamava sua atenção. Foi também, em 1963, que o Brasileiro fez a primeira comunhão.

A surpresa veio quando o Brasileiro não pode fazer o Exame de Admissão para a sua matrícula na primeira série do curso ginasial, por ainda não ter completado onze anos. Na época, era imprescindível ter onze anos completos na época da matrícula e passar por um "mini vestibular" chamado de Exame de Admissão.

Seus pais, como não poderiam alterar tal situação, decidiram por deixar o Brasileiro de folga até agosto, quando então ele iniciaria um curso preparatório para o Exame de Admissão e completaria os onze anos até a matrícula.

Nesse período de folga, o brasileiro colhia chuchu e limões do seu quintal e ia vender na feira livre do bairro. O dinheiro ganho completava o que ganhava dos pais e era utilizado na compra de gibis e entradas de cinema.

Nessa época, o Brasileiro lia gibis do Fantasma, Mandrake, Super-Homem, Pato Donald e outros. Aos domingos, ia às matinês, onde era apresentado um filme e, na sequência, um seriado. Muitas coisas o brasileiro aprendeu com os gibis e filmes.

Ao olhar para trás, o Brasileiro percebe que cada mudança, cada desafio e cada conquista contribuíram para sua visão de um Brasil resiliente, capaz de superar adversidades e construir um futuro promissor.

CAPÍTULO 2

"MEMÓRIAS DE UM BRASIL EM TRANSFORMAÇÃO: VIDA COTIDIANA E CONFLITOS DURANTE A DITADURA MILITAR"

Era o ano de 1964.

No comando da nação desde a renúncia de Jânio Quadros, o presidente João Goulart era considerado um líder trabalhista e progressista. Ele fez algumas reformas sociais e econômicas e defendeu políticas de redistribuição de renda, reforma agrária e maior participação do estado na economia.

Sua atuação e propostas, enfrentaram forte oposição de setores conservadores da sociedade brasileira, incluindo militares, elites empresarias e parte da classe média.

Em março de 1964 um golpe militar derrubou o governo de João Goulart e instalou uma ditadura militar no Brasil, que durou mais de duas décadas. Durante este período, foram aplicadas restrições às liberdades civis, censura à imprensa, perseguição política, tortura e violações dos direitos humanos.

Após o susto inicial com a presença de tanques nas ruas, o Brasileiro retomou sua rotina, aparentemente sem grandes mudanças. O mesmo aconteceu com seu pai e sua mãe.

Após o golpe militar, o primeiro presidente do Brasil foi Humberto de Alencar Castelo Branco, cuja eleição indireta foi ratificada pelo Congresso Nacional em 11 de abril de 1964. O Marechal Castelo Branco era o Chefe do Estado-Maior do Exército no governo de João Goulart.

A mãe do Brasileiro doou a aliança de casamento para o governo. Em troca das alianças de ouro, as pessoas recebiam um anel, não sei o material, onde estava inscrito "Dei ouro para o bem do Brasil". A doação foi feita no prédio dos Diários Associados no centro de São Paulo, empresa editora do jornal Diário de São Paulo que, como outras empresas, apoiava o governo militar.

Em 1965 o Brasileiro iniciou o curso ginasial em um colégio próximo à sua casa e que iniciou suas atividades naquele ano. O Brasileiro estava feliz. Estava no ginásio, tocava corneta na fanfarra do colégio e continuava partilhando sua vida com os amigos.

Entretanto, estava começando a pensar sobre seu futuro e tinha dúvidas sobre qual caminho seguir. Ele tinha dúvidas sobre tornar-se padre, influência da catequese e da primeira comunhão ou tornar-se militar cursando a Academia Militar das Agulhas Negras, influência da dona Iná, cujo noivo estava concluindo a academia.

Nesse ano, sua mãe conseguiu uma transferência. Retornando para sua cidade natal, no interior do estado de São Paulo, o Brasileiro concluiu a primeira série ginasial no ginásio estadual da cidade. Todos ficaram felizes com o retorno, principalmente o pai do Brasileiro, que poderia retomar suas atividades originais.

O Brasileiro estava recomeçando. Nova casa, não com o mesmo quintal da casa de São Paulo, do qual o Brasileiro gostava muito, e novos amigos.

Também em 1965, foi promulgado o Ato Institucional n.º 2 (AI-2), que permitiu ao presidente fechar o Congresso Nacional e intervir nos estados e municípios sem a necessidade de autorização legislativa. Esse ato aumentou os poderes do regime militar e consolidou a sua autoridade.

O Ato Institucional n.º 2 (AI-2) também formalizou o bipartidarismo no país. Com a dissolução de todos os partidos políticos existentes na época, o sistema político brasileiro foi reduzido a dois partidos, a Aliança Renovadora Nacional (ARENA) e o Movimento Democrático Brasileiro (MDB), que se estendeu de 1966 até 1979.

A ARENA era o partido do governo, apoiando o regime militar, enquanto o MDB era o partido de oposição, embora tivesse limitações significativas na capacidade de contestar o governo, devido às restrições impostas pelo regime.

As eleições para presidente, nessa época, eram indiretas, ou seja, o presidente era escolhido pelo Congresso Nacional. Em 1966, foi eleito para presidente, sucedendo o marechal Castelo Branco, o general Artur da Costa e Silva.

Houve resistência e crescimento da oposição ao regime militar, tanto por parte de movimentos políticos quanto de setores da sociedade civil, como estudantes, intelectuais e trabalhadores.

O período também foi marcado por intensa repressão política, com perseguições, prisões e torturas contra opositores do regime. Além disso, a censura à imprensa e às manifestações culturais era uma prática comum.

A cidade do Brasileiro recebia pouca influência da situação política nacional, pois tinha pouca ou nenhuma participação ativa nos acontecimentos nacionais.

A vida do Brasileiro era boa. Aulas pela manhã, à tarde, andar de bicicleta ou jogar taco, ou salva, ou natação no clube, ou futebol. Ou qualquer outra brincadeira com seus amigos. Também nessa época, conheceu o baralho e aprendeu a jogar truco e cacheta.

No aniversário do Brasileiro, em 1967, um tio lhe deu de presente um cavalo. Um lindo potro que ainda precisava ser domado. Era a melhor coisa que o Brasileiro podia imaginar de acontecer na sua vida. Estava muito feliz. Ele acompanhou de perto a doma do cavalo até poder montá-lo e estrear também uma sela, que foi presente de outro tio.

A aprovação dos alunos, de um ano do ginásio para o próximo, podia ser obtida de três maneiras. Por média, o aluno obtinha notas, em provas bimestrais, suficientes para atingir, na média, uma nota mínima pré-definida. Por exame final, cuja nota mínima a ser atingida pelo aluno era calculada a partir da média real comparada àquela definida para passar sem exame. E ainda, quando a nota mínima a ser obtida no exame final não era atingida, fazia-se outro exame, chamado de segunda época. O aluno que ficava para a segunda época era visto, por parte dos seus colegas, alguns professores e algumas pessoas próximas, como mau aluno.

Pois bem, um fato marcante e que mudou atitudes e resultados na vida do Brasileiro foi ter ficado para exame de segunda época de matemática na terceira série. Ele teve suas férias interrompidas quando saiu a sua nota do exame final. Seu pai teve que ir buscá-lo em São Paulo, onde estava de férias, na casa de parentes, para que fizesse o exame de segunda época. O Brasileiro sentiu-se envergonhado pela situação e pela repreensão vinda dos pais e parentes próximos. Então, ele decidiu que seria um ótimo aluno a partir do próximo ano escolar. Passou no exame de segunda época e, nos próximos anos, até a conclusão do curso colegial, sempre esteve entre os três melhores alunos das turmas/classes que frequentou.

Durante o ano de conclusão do curso ginasial do Brasileiro, 1968, foi marcado por um período de agitação social e política em várias partes do mundo. Os movimentos, mesmo considerando aspectos diferentes de cada um dos países onde ocorreram, refletiam uma insatisfação generalizada com as instituições estabelecidas, como governos, autoridades educacionais, corporações e valores tradicionais.

Os protestos estudantis, iniciados nos campi universitários, contra autoridades acadêmicas e governamentais, espalharam-se para outras partes da sociedade.

Surgiram movimentos de contra cultura, como o movimento hippie que defendia ideias de paz, amor, liberdade sexual e desconfiança em relação às estruturas tradicionais de poder, como também movimentos pelos direitos civis, pelos direitos das mulheres, pelos direitos dos homossexuais e pelos direitos ambientalistas.

Um conflito que se tornou uma questão central, em muitos protestos pelo mundo, foi a Guerra do Vietnã. Muitos ativistas antiguerra criticavam o envolvimento dos países nesta guerra.

As manifestações refletiam também um descontentamento com questões sociais e políticas, incluindo desigualdade econômica, racismo, autoritarismo governamental e repressão política.

Este período também foi marcado por uma efervescência cultural, com o aparecimento de novas formas de expressão artística na música, no cinema, na literatura e nas artes visuais, que refletiam as tensões e aspirações sociais da época.

Os eventos de 1968 tiveram impactos em muitos países, influenciando mudanças políticas, sociais e culturais em várias partes do mundo.

No Brasil, o ato institucional mais conhecido, por representar o período mais repressivo do regime militar no Brasil, o Ato Institucional n.º 5 (AI-5), foi decretado em dezembro de 1968. O AI-5 deu poderes extraordinários ao governo, permitindo a censura ainda mais rigorosa, a suspensão de direitos civis e políticos, além da perseguição sistemática de opositores.

Apesar da censura e da repressão política, os anos de 1967 a 1969 foram marcados por uma efervescência cultural significativa no Brasil. Surgiram movimentos artísticos importantes, como a Tropicália, que misturava influências da música popular brasileira com elementos da cultura de massa e críticas sociais. Artistas como Caetano Veloso, Gilberto Gil, Gal Costa e Os Mutantes foram figuras proeminentes desse movimento.

Outro movimento musical brasileiro, que também surgiu na década de 1960, foi a Jovem Guarda. Foi caracterizado por um rock and roll animado influenciado pela música americana e britânica da época. O movimento foi liderado por artistas como Roberto Carlos, Erasmo Carlos e Wanderléa. A Jovem Guarda não foi apenas um gênero musical, mas também um fenômeno cultural, influenciando a moda, o comportamento e a cultura jovem no Brasil naquele período. Seu legado ainda ressoa na música e na cultura brasileira hoje.

Este período, de efervescência cultural e musical, incluiu também a realização de diversos festivais de música. Esses eventos foram importantes não apenas como espaços de entretenimento, mas também como plataformas para expressão artística e política.

Os festivais mais marcantes na época foram:

- O Festival de Música Popular Brasileira da TV Record – Realizado anualmente pela TV Record em São Paulo, foi um dos eventos mais icônicos da época. Este evento possibilitou o surgimento de novos talentos e a consolidação de artistas já estabelecidos. Canções como "A Banda" de Chico Buarque e "Domingo no Parque" de Gilberto Gil foram apresentadas neste festival.

- Festival de Música Popular Brasileira da TV Excelsior - Festival que ocorreu em São Paulo, realizado pela TV Excelsior. Embora não tenha tido a mesma influência que o Festival da TV Record, também apresentou uma variedade de artistas e músicas da época.

- Festival Internacional da Canção (FIC) – Este evento, realizado no Rio de Janeiro, foi uma tentativa de criar um festival de música com alcance internacional. Apesar de ter contado com a participação de artistas estrangeiros, é lembrado por canções como "Ponteio" de Edu Lobo e "Roda Viva" de Chico Buarque.

- Festival de Música Popular Brasileira da TV Tupi - Festival que também aconteceu em São Paulo, organizado pela TV Tupi. Apesar de ter sido menos notável que os outros, também contribuiu para a cena musical da época.

- Festival Universitário de Música Popular Brasileira - Este festival foi organizado por estudantes e teve como objetivo promover a música popular brasileira entre o público universitário. Embora tenha sido menos midiático que os festivais televisionados, desempenhou um papel importante na disseminação da música brasileira entre os jovens.

No aspecto econômico, o Brasil passou por um período de crescimento econômico, impulsionado principalmente pelo desenvolvimento da indústria, investimentos em infraestrutura e programas de modernização. No entanto, esse crescimento não foi uniforme e muitos brasileiros continuaram vivendo em condições de pobreza e desigualdade.

No meio deste turbilhão de acontecimentos, a vida do Brasileiro também foi tornando-se mais interessante. Teve várias paqueras, algumas namoradas, alguns beijos e encontros no cinema, onde, após as luzes serem apagadas, ele sentava-se ao lado da namorada, davam-se as mãos ou abraçavam-se por pouco tempo e trocavam beijos no rosto e mais raros na boca, apenas "selinho". Os encontros ocorriam também no jardim, como era chamada a praça, onde apenas conversavam, não tinham contatos físicos.

Em 1968, o Brasileiro, atendendo a uma aspiração de anos anteriores, fez exame para a Escola Preparatória de Cadetes de Campinas, visando o acesso à Academia Militar de Agulhas Negras. Não passou, mas deu continuidade normal à sua vida.

Também em 1968, alguns professores organizaram uma excursão com as classes do quarto ano do ginásio, para marcar/comemorar a conclusão do curso ginasial. Mais um acontecimento, grande e novo, na vida do Brasileiro, que nunca havia participado de um evento como este. Na época a família do Brasileiro, composta por cinco pessoas, o Brasileiro tinha duas irmãs mais novas que ele, não tinha condições de pagar pela viagem. O Brasileiro, decidido a participar da viagem, de bom grado, vendeu seu cavalo e pode participar da viagem. Foram até Assunção, capital do Paraguai, passando por Ponta Grossa, Vila Velha e nas cataratas do Iguaçu, em Foz do Iguaçu. Foi uma ótima viagem. O Brasileiro nunca se arrependeu de ter vendido seu querido cavalo.

Até 1968 o ensino era dividido em Curso Primário (4 anos). Curso Ginasial (4 anos) e depois mais três anos de formação dividido em três cursos. O Curso Científico, escolhido por aqueles que se dedicariam às profissões da área de ciências exatas, o Curso Clássico escolhido por aqueles que se dedicariam às profissões da área de Humanas e o Curso Normal, escolhido por aqueles que se dedicariam às profissões da área do magistério. Aqueles estudantes que escolhiam o Curso Normal, concluíam o curso aptos a lecionarem como professores primários.

A partir de 1969, ano de ingresso do Brasileiro no curso colegial, esta distribuição por área foi alterada.

Visando oferecer uma formação mais completa, todos os estudantes frequentariam um único curso, independente de qual fosse a área de sua preferência.

Essa mudança teve como objetivo, adequar o sistema educacional brasileiro às demandas por uma educação mais abrangente e moderna, proporcionando uma base mais sólida, para a continuidade dos estudos ou ingresso no mercado de trabalho.

Apesar do Brasil estar sob um regime autoritário, marcado por repressão política, resistência social e restrições às liberdades civis e à democracia, a vida do Brasileiro não sofria interferências diretas, provenientes da situação do país.

Entretanto, das conversas e comentários entre os adultos, os adolescentes, entre eles o Brasileiro, recebiam informações e aprendiam sobre eleições e defesa da democracia. Também ouviam sobre posições e ações, justificadas ou não, aceitáveis ou inaceitáveis dos grupos e movimentos de resistência, alguns deles com ações armadas.

Na área de entretenimento, as vitrolas portáteis, também conhecidas como toca-discos portáteis, estavam tornando-se populares. As vitrolas portáteis eram uma maneira conveniente de ouvir música em vinil, em casa ou em eventos ao ar livre, por serem compactas e de fácil locomoção.

Além das atividades lúdicas do Brasileiro, já mencionadas anteriormente, ele também passou a frequentar as "brincadeiras" no clube e os bailinhos de garagem. "Brincadeira" era o nome dado aos bailes destinados aos adolescentes, que se encerravam à meia-noite ou, em alguns casos, às duas horas da manhã.

Os anos do primeiro e segundo colegial transcorreram tranquilos para o Brasileiro e devido ao sucesso que vinha tendo, tanto na escola como fora dela, desde a quarta série, sua autoestima estava no máximo, sentia-se predestinado a sair-se bem em qualquer empreitada que se propusesse a enfrentar na vida.

O Brasileiro tinha tanta certeza de que passaria em algum vestibular que, em 1971, para evitar transtornos futuros, antecipou-se e alistou-se como voluntário para o serviço militar, conhecido por Tiro de Guerra, antes de completar dezoito anos.

Nesse ano, também, em função do seu desempenho escolar, foi contemplado com uma bolsa de estudos para frequentar um curso preparatório para o vestibular e também concluir o colegial. Como ele já havia começado o Tiro de Guerra, aceitar o novo desafio implicaria em mudar-se para uma cidade maior que a sua e pela primeira vez morar sozinho, longe de seus pais e suas irmãs. Após obter a aprovação dos pais, aceitou. Da turma do Tiro de Guerra da sua cidade, outros dois atiradores também pediram transferência com o mesmo destino que ele e um primo seu também iria frequentar o mesmo cursinho e mudar-se para a mesma cidade que ele. O Brasileiro já não partiria sozinho para a nova aventura.

Ele e o primo foram morar em uma pensão e frequentavam as aulas do cursinho pela manhã. As "instruções" do Tiro de Guerra eram ministradas à noite de segunda a sexta e pela manhã aos domingos.

Concluído o Tiro de Guerra, em cuja formatura o Brasileiro foi condecorado como o atirador que obteve o melhor resultado nas provas escritas, ele retornou para sua cidade e passou a frequentar as aulas noturnas do cursinho. O trajeto entre as cidades era feito, diariamente, por ônibus. Como o ônibus era utilizado, também, por estudantes que já estavam cursando faculdades, o Brasileiro recebia informações sobre cursos universitários e seus desafios.

Na época, ouviam-se comentários, confirmados pelas notícias, sobre a existência de grupos armados de resistência ao regime militar existente no Brasil. Dentre os grupos armados, os mais conhecidos eram:

- Ação Libertadora Nacional (ALN) - Fundada por Carlos Marighella, a ALN foi uma das organizações guerrilheiras mais ativas contra o regime militar. Este grupo realizava ações armadas e sequestros de diplomatas estrangeiros, tentando chamar a atenção internacional para a situação no Brasil.

- Vanguarda Popular Revolucionária (VPR) – Fundada por dissidentes do Partido Comunista Brasileiro (PCB), membros da esquerda radical. Este grupo realizava ações armadas urbanas, incluindo assaltos a bancos e ataques a instalações militares.

- Movimento Revolucionário 8 de Outubro (MR-8) - Fundado por ex-membros da Ação Libertadora Nacional e da Vanguarda Popular Revolucionária, o MR-8 também estava envolvido em atividades guerrilheiras contra o governo militar. Eles ficaram conhecidos por ações espetaculares, como o sequestro do embaixador dos Estados Unidos, Charles Elbrick, em 1969.

- Partido Comunista do Brasil (PCdoB) - O PCdoB, apesar de ser declarado ilegal pelo regime militar, manteve suas atividades de forma clandestina. Eles estavam envolvidos na organização de movimentos sindicais e estudantis, além de operações guerrilheiras nas áreas rurais.

O período que vai do final do ano de 1968 até o final de 1971, foi um período tumultuado na história do Brasil, combinando desenvolvimento econômico, repressão política e resistência cultural. A sociedade brasileira estava profundamente dividida entre aqueles que apoiavam o regime militar e aqueles que lutavam pela redemocratização do país e pelos direitos civis.

Com as informações vindas de seus pais e parentes, de conversas com amigos e conhecidos e também provenientes da leitura de jornais, o Brasileiro ia formando sua própria opinião sobre qual regime político seria melhor para seu país.

Ele sabia que não eram alternativas viáveis para o Brasil no futuro, as perseguições, a violência e a censura por parte do governo militar, nem também os métodos de ação, a violência e as propostas de governo, defendidos pelos grupos armados.

Ao olhar para trás, o Brasileiro percebe que cada desafio e conquista ao longo de sua vida o moldaram e fortaleceram sua crença na importância da democracia, com eleições diretas, respeito pela liberdade, pelos direitos civis e justiça social.

CAPÍTULO 3

"A TRAJETÓRIA ACADÊMICA E PESSOAL DE UM ESTUDANTE DURANTE OS ANOS DE DITADURA MILITAR NO BRASIL"

Em 1971, o sistema de vestibulares no estado de São Paulo estava estruturado em três grandes grupos: CESCEM, CESCEA e MAPOFEI. Cada uma dessas siglas agrupava inúmeras faculdades, públicas e particulares, por área, num sistema de opções que servia para a classificação dos candidatos.

CESCEM – Centro de Seleção de Candidatos às Escolas Médicas - faculdades da área de Medicina e Saúde.

CESCEA – Centro de Seleção de Candidatos às Escolas de Administração - faculdades da área de Humanas e

MAPOFEI – Vestibular Unificado de Ciências Exatas e Engenharia - faculdades da área de Engenharia e de Ciências Exatas. A sigla MAPOFEI foi criada originalmente de um vestibular criado em 1969 para a área de ciências exatas nas escolas Instituto Mauá de Tecnologia (MA), Escola Politécnica da Universidade de São Paulo (PO) e Faculdade de Engenharia Industrial (FEI).

O Brasil, em função do seu desenvolvimento, necessitava de quadros e o sistema de grupos por área facilitava aos jovens das camadas médias a chegarem à universidade e aos caminhos para a formação de novas estruturas ocupacionais.

O Brasileiro prestou exame do MAPOFEI, escolhendo como opções duas faculdades de engenharia públicas, Escola de Engenharia de São Carlos e UNICAMP, e uma particular, FEI. Foi classificado para a escola particular e ficou na lista de espera das outras duas escolas públicas. Sua chamada para as mesmas dependia de desistências dentre os classificados. Mas, não houve desistências e o Brasileiro ficou na escola particular. Iniciou seu curso de engenharia na FEI em 1972.

Com a mudança para São Bernardo do Campo, o Brasileiro não apenas enfrentou novos desafios acadêmicos, mas também se adaptou a um novo ambiente social. Ao chegar lá, morou em uma pensão onde dividia o quarto com outros dois jovens, que vieram do Nordeste. Um trabalhava na indústria automobilística e o outro em uma loja da cidade e traziam consigo histórias de luta e determinação, refletindo a diversidade e a resiliência do povo brasileiro. Pessoas boas, honestas, trabalhadoras, determinadas e em busca de uma vida melhor.

O Brasileiro, apesar da pouca convivência com os dois colegas de quarto e com os demais moradores da pensão, aprendeu muito sobre a natureza das pessoas, sobre o povo brasileiro e suas necessidades e qualidades. Aspectos da vida cotidiana, que até então só conhecia de ouvir falar, ou mesmo desconhecia.

Da pensão, ele se lembra também que, na esquina oposta à mesma, funcionava um consultório dentário na frente do qual passava algumas vezes ao dia e não pode deixar de observar a recepcionista que lá trabalhava. Um dia, criou coragem e entrou no consultório como se fosse marcar consulta e descobriu seu nome e onde estudava. Em outras visitas, descobriu onde ela morava e que não tinha namorado e sonhava em tornar-se escritora. Ela era bonita e um ótimo papo e o Brasileiro a acompanhou até em casa, algumas vezes. Mas foi só, tornaram-se bons amigos.

Então, o Brasileiro viu um anúncio na faculdade de uma vaga em uma república e, após uma visita para conhecer seus integrantes e as acomodações, mudou-se para lá e distanciou-se física e pessoalmente da pensão e da recepcionista. Nessa república, ele conheceu um boliviano que acabou se tornando um grande amigo.

Ainda em 1972, mais para o final do ano, foi convidado por um conhecido, da cidade onde fez o Tiro de Guerra, que também estudava na mesma faculdade, para morar na sua república. A localização desta república era excelente. Ficava no centro, quase em frente ao posto telefônico, com fácil acesso a ônibus e mais perto da faculdade do que a república na qual estava morando. Mudou-se para esta república e somente a deixou seis meses depois da conclusão do seu curso, quase seis anos depois.

Na época, para ligações interurbanas, íamos até um posto telefônico, informávamos para a recepcionista, nosso nome, para qual cidade era a ligação e o número do telefone. Ela anotava, dava-nos uma estimativa do tempo que levaria para completar a ligação. Após algum tempo, ela chamava o interessado pelo nome e informava qual cabine iríamos usar para falar. Terminada a ligação, retornávamos à recepcionista que nos informava o tempo da ligação e o valor a ser pago pela mesma. Também fazíamos ligações locais nas cabines, utilizando fichas telefônicas. Daí a vantagem de estar próximo de um posto telefônico.

No ano de 1973, o Brasileiro viu um anúncio no mural da faculdade sobre três vagas para estagiários do curso de

Engenharia Elétrica abertas pela CTBC, Companhia Telefônica da Borda do Campo. Apesar de estar concluindo apenas o terceiro semestre da faculdade, o Brasileiro, sem nada a perder, candidatou-se ao estágio e ele foi convocado.

Em busca de informações sobre como seria o estágio e como proceder, ele conversou com estudantes mais velhos, mas não conseguiu informações suficientes. Assim, ele apresentou-se na companhia sem saber exatamente o que teria pela frente.

O supervisor da CTBC reuniu os três estagiários convocados em uma sala e pediu para se apresentarem. Após apresentar-se e informar que estava iniciando o quarto semestre do curso de engenharia, o Brasileiro ouviu do supervisor: "O que você está fazendo aqui?", dando a entender que o estágio era destinado a alunos cursando a faculdade há mais tempo. O Brasileiro, olhando de frente para o supervisor, respondeu: "Eu me inscrevi e me chamaram". Após olhar para os três, o supervisor disse: "OK. Vamos em frente". O estágio foi realizado no período de 02 a 31 de julho de 1973.

Como estagiário, o Brasileiro aprendeu muito na parte técnica e um pouco sobre a vida profissional e relacionamentos em uma empresa. O tempo mostrou que o Brasileiro se saiu bem nas suas funções de estagiário, pois voltou a ser chamado para estágio na mesma companhia, CTBC, por mais duas vezes, de 14 de janeiro de 1974 a 31 de maio de 1974 e de 06 de janeiro de 1975 a 26 de maio de 1976.

A CTBC foi incorporada pela Telesp em 1973, mas manteve sua operação independente por mais um tempo. Essa incorporação foi parte do processo de expansão e consolidação da

Telesp, visando aumentar sua presença e a infraestrutura de telecomunicações em diferentes regiões do estado de São Paulo.

Após sua entrada na república, o Brasileiro soube que a vaga ocupada por ele era de um estudante que se envolveu em algumas manifestações contra o governo militar. Como passou a ser perseguido pelo regime, teve que "desaparecer". Saiu de casa, sem dizer aonde ia, e não voltou mais.

Uma noite, quase um ano depois da entrada do Brasileiro na república, eles foram acordados pelo toque da campainha, por volta das três horas da manhã. Era o estudante desaparecido, que passou por lá para pegar seus pertences e despedir-se dos colegas. Disse que estava bem e que por enquanto não poderia voltar para a escola. Não falou nada sobre onde esteve, o que havia acontecido ou sobre o que estava fazendo e desapareceu novamente. Nunca mais souberam dele.

Em 1976, o Brasileiro pode observar, pela primeira vez na sua vida, uma greve de trabalhadores. O que mais o impressionava era o desafio ao regime militar vigente, que ela representava. Liderada pelo Sindicato dos Metalúrgicos do ABC, a greve ocorreu em protesto contra as condições de trabalho, os baixos salários e as restrições impostas aos direitos trabalhistas sob o regime militar. Embora a greve de 1976, não tenha alcançado todas as suas reivindicações imediatas, ela representou uma resistência significativa contra o regime autoritário e contribuiu para o fortalecimento do movimento sindical e democrático no Brasil. Essa greve, inédita, o impressionou tanto que ele e um amigo foram até a sede do Sindicato dos Metalúrgicos do ABC, para conhecer o responsável pela liderança do movimento.

A greve de 1976 além de impressionar o Brasileiro pelo desafio ao regime militar, também despertou nele uma consciência política que influenciaria suas futuras escolhas profissionais e pessoais.

Enquanto o Brasileiro fazia seu curso de engenharia, de 1972 a 1977, o Brasil passou por um período de grande contraste, tendo de um lado o crescimento econômico e o desenvolvimento urbano e, do outro, a repressão política e a resistência social.

Ao concluir seu curso de engenharia em 1977, o Brasileiro não era apenas um novo engenheiro, mas um cidadão consciente das complexidades políticas e sociais de seu país, pronto para contribuir para um futuro mais justo e democrático.

CAPÍTULO 4

"BRASIL NOS ANOS DE CHUMBO: TRANSIÇÃO, TENSÃO E VIDA ACADÊMICA (1972-1977)"

O período, de 1972 a 1977, foi de transição e tensão, marcado pela persistência do regime militar e pelos primeiros sinais de abertura política. Durante esses anos, foram presidentes Emilio Garrastazu Medici, de1969 até 1974, e Ernesto Geisel que o sucedeu, de 1974 a 1979.

Os principais acontecimentos desse período foram:

- Milagre Econômico - O Brasil viveu o chamado "Milagre Econômico", que foi caracterizado por altas taxas de crescimento econômico. Isso foi possível devido à implementação de políticas de desenvolvimento, centradas na industrialização, na abertura do país para investimentos estrangeiros e no estímulo ao consumo.

- Desenvolvimento Urbano e Migração – Ocorreram significativas transformações demográficas e urbanas. Grandes centros urbanos, como São Paulo e Rio de Janeiro, tiveram um rápido crescimento populacional em função da migração em massa do campo para a cidade em busca de emprego e melhores condições de vida. Essa rápida urbanização trouxe à administração pública, desafios decorrentes do crescimento de favelas, problemas de infraestrutura e tensões sociais.

- Repressão Política – O regime militar aumentou a repressão política, para manter o controle da situação. Tornaram-se comuns a censura à imprensa, a perseguição a opositores políticos e os abusos dos direitos humanos com a tortura e o desaparecimento de opositores.

- Política Externa – Nesse período, sob o governo de Médici, o Brasil destacou-se pela aproximação com regimes autoritários, como o regime chileno de Augusto Pinochet, e uma maior independência em relação aos Estados Unidos. Essas atitudes buscavam uma afirmação da posição brasileira no cenário internacional. Na América do Sul, também tínhamos regimes autoritários, decorrentes de golpes militares, na Bolívia com Hugo Banzer, no Paraguai com Alfredo Stroessner, na Argentina com Jorge Rafael Videla e no Uruguai com Juan Maria Bordaberry.

- Abertura Gradual – Os sinais de uma abertura política surgiram no final do governo Medici e manteve-se durante o mandato de Ernesto Geisel. As pressões internas e externas, levaram a uma abertura lenta, gradual e segura, que culminou com a aprovação, em 1979, da Lei de Anistia que permitiu o retorno de exilados e a libertação de presos políticos. Esses fatos levaram à redemocratização do Brasil, que foi concluída na década seguinte.

Entretanto, a vida do Brasileiro e seus companheiros de república era boa e agradável.

A turma era composta pelo Brasileiro e por sete outros estudantes, que frequentavam vários cursos de engenharia como Elétrica, Têxtil, Têxtil Química, Mecânica e Química. Nas horas livres e finais de semana, a diversão era cinema, eventualmente shows e teatro. Alguns também viajavam para casa, outros iam visitar parentes, outros reuniam-se com colegas de outras repúblicas, para jogar sinuca ou para um bate-papo em algum bar. Mesmo aqueles que tinham namorada, davam um jeitinho de comparecer.

Devido à situação conturbada no Brasil, conversavam bastante sobre causas e consequências de regimes políticos existentes em outros países. Tanto sobre regimes existentes na época, como o comunismo na União das Repúblicas Socialistas Soviéticas, Cuba e China, como sobre regimes históricos, como o Nazismo na Alemanha e o Fascismo na Itália.

Sobre drogas, eles ouviam falar sobre consumo de maconha e começavam a ouvir sobre o uso de cocaína e seus efeitos. Na turma do Brasileiro, não se tinha conhecimento de nenhum usuário. Durante um dos seus encontros, quando surgiu o assunto sobre o consumo de cocaína, seu amigo boliviano comentou que na sua cidade, Santa Cruz De La Sierra e outras da Bolívia, estavam consumindo uma droga barata, produzida a partir de restos da cocaína que transformava as pessoas que a consumiam em tipos de zumbis. Se por acaso ela chegasse no Brasil, então veríamos o quanto essa droga era ruim.

Muito tempo depois, o Brasileiro descobriu, ao lembrar-se desse comentário, que, na época, eles haviam sido alertados sobre o crack e o mal que ele faz para os usuários e para a sociedade.

O bate-papo girava em torno de música, filmes em cartaz, situação do país, futebol, garotas e namoradas e comentários sobre a faculdade, colegas, professores e provas e o que surgisse.

As informações discutidas, tirando a faculdade e mulheres, vinham da leitura de jornais. Tanto do tradicional "Jornal da Tarde", que era editado pelo grupo do jornal "O Estado de São Paulo", onde eles liam sobre eventos culturais, como lançamentos de filmes, peças de teatro, exposições de arte e eventos esportivos, como pelos jornais alternativos que circulavam na época que completavam as informações com coberturas sobre os fatos políticos e sociais do Brasil.

Os jornais alternativos surgiram devido às realidades política e social, impostas pelo regime militar. Os jornais alternativos procuravam oferecer uma visão crítica e contrária ao regime militar.

Dentre esses jornais, os mais conhecidos eram:

- O Pasquim - Fundado em 1969, o jornal continuou atuando até 1989. Conhecido por seu humor ácido, suas críticas políticas e sociais, além de uma abordagem irreverente em relação aos acontecimentos da época e sua oposição ao regime militar, O Pasquim se destacou como um dos principais veículos alternativos da época.

- Opinião - Fundado em 1972, o jornal teve papel fundamental na resistência ao regime militar. Com uma linha editorial de esquerda, o Opinião abordava questões políticas, sociais e culturais de forma crítica e engajada.

- Movimento - Fundado em 1975 por um grupo de jornalistas e intelectuais, o jornal tinha como propósito principal, a crítica ao regime militar então vigente no Brasil e circulou até o início da década de 1980. O jornal abordava questões políticas, sociais, culturais e econômicas sob uma perspectiva contrária ao governo da época e denunciava as violações aos direitos humanos, a censura e a repressão política praticadas pelo mesmo. "O Movimento", também se destacou por seu engajamento com movimentos sociais, sindicais, estudantis e populares, buscando promover a conscientização política e mobilização da sociedade civil em prol da democracia e dos direitos sociais.

Estes jornais representavam apenas uma parte dos veículos de imprensa alternativos, que surgiram e resistiram durante o período da ditadura militar no Brasil. Todos eles desempenharam um papel importante na luta pela liberdade e retorno ao regime democrático.

Na faculdade, o Brasileiro e seus companheiros ainda utilizavam uma "Régua de Cálculo" para fazer contas, pois a calculadora eletrônica ainda era um "luxo", acessível para muito poucos.

Deslocamentos para a escola ou lazer eram feitos de ônibus, pois ter um carro estava fora do alcance da maioria dos estudantes.

Além das atividades de lazer citadas, havia outras mais específicas que eram praticadas apenas por parte da turma e o Brasileiro era um deles.

Um dos passeios que merece destaque era ir até o Largo do Arouche em São Paulo para paquerar. Na época era um ótimo ponto para se conhecer garotas e eventualmente até conseguir um relacionamento imediato.

O outro passeio era visitar uma boate que ficava a algumas quadras da república. Na maior parte das vezes retornavam para a república sem companhia, pois não tinham dinheiro para gastar. Mas, às vezes, conseguiam companhia de alguma garota "que não deu sorte", e a levavam para dormir na república.

Nos relacionamentos pessoais, o Brasileiro, teve várias namoradas e admiradoras na época. Gostou de todas, mas namorar a sério, não estava nos seus planos imediatos.

Durante os anos de faculdade o Brasileiro leu muitos livros fora do currículo escolar, conhecendo obras de autores como Érico Verissimo romances muito envolventes, João Antônio, romances sobre a malandragem paulistana, Jean Paul Sartre filosofo do existencialismo, Julio Cortázar contista argentino, Arthur Clarke e Isaac Asimov escritores de ficção cientifica, entre outros.

Além das músicas brasileiras, o Brasileiro também conheceu e passou a curtir o Jazz, cantores e orquestras, além de cantores e cantoras internacionais, já consagrados.

No terceiro ano do curso, sexto semestre, dois fatos importantes afetaram a vida do Brasileiro. O primeiro foi que, em função do primeiro semestre puxado, durante o qual ele fez estágio de janeiro a maio, ele relaxou um pouco no segundo semestre, o que resultou na reprovação em duas disciplinas. Essas reprovações tiveram como consequência cursar um semestre a mais para a conclusão do curso. O segundo foi que, devido à situação financeira de seus pais, o Brasileiro teve que recorrer ao Crédito Educativo para bancar as mensalidades da faculdade. O Crédito Educativo era o equivalente ao atual FIES – Fundo de Investimento ao Estudante do Ensino Superior.

Fatos que mostraram a ele que a realidade muitas vezes pode ser dura, mas podemos enfrentá-la se tivermos consciência de suas causas, de como foram criadas e agirmos para resolvê-las.

CAPÍTULO 5

"AVENTURA PELA AMÉRICA DO SUL: UMA VIAGEM IMPRUDENTE EM TEMPOS DE DITADURA (1976)"

Em 1976, o Brasileiro e um amigo fizeram uma viagem pela América do Sul.

Nas duas repúblicas onde morou, o Brasileiro conviveu com dois bolivianos e um paraguaio, e tinha ouvido deles histórias que despertaram sua curiosidade sobre a vida na Bolívia e no Paraguai. Conversando com um amigo, que tinha conhecido durante o tiro de guerra e que era um dos colegas de república, descobriu que tinham um desejo comum: visitar a cidade de Machu Picchu no Peru. Lembraram-se então do amigo boliviano, conversaram com ele e resolveram fazer a viagem.

O plano inicial era seguirem de trem, pela Estrada de Ferro Noroeste do Brasil, de Bauru até Corumbá, onde entrariam na Bolívia. Na Bolívia, iriam até Santa Cruz de La Sierra, onde se encontrariam com o Lalo, o amigo boliviano, e seguiriam para o Peru até Machu Picchu.

Deram início à viagem de Bauru até Corumbá, atravessando o Pantanal. A jornada é repleta de paisagens exuberantes. À medida que avançaram rumo ao Pantanal, a vegetação foi se transformando lentamente, dando lugar a uma imensa planície alagada. A vista é muito bonita, mas não viram a grande variedade de aves, capivaras, jacarés e outros animais que gostariam de ter visto. Mas, mesmo assim, o que viram da natureza, pântanos, aves e animais foi espetacular.

Após a experiência de atravessar o Pantanal, chegaram a Corumbá, que fica às margens do Rio Paraguai e onde faz muito calor.

Então, descobriram que não poderiam prosseguir viagem para a Bolívia, por não terem passaportes. Por se tratar de países vizinhos, eles não imaginaram que os passaportes seriam necessários. Decidiram então entrar sem os passaportes, como clandestinos.

Seguiram de Corumbá até Puerto Suarez na carroceria de uma camionete, onde pretendiam embarcar no "Trem da Morte" e seguir até Santa Cruz de La Sierra. O "Trem da Morte" é uma famosa linha ferroviária que liga Puerto Suárez, na fronteira com o Brasil, a Santa Cruz de La Sierra, na Bolívia. Nos anos 1970, essa linha era uma das principais formas de transporte entre essas regiões. A viagem é conhecida pelo seu trajeto longo e pelas dificuldades enfrentadas durante a viagem, como longas horas de viagem, falta de conforto e, na época, questões de segurança, o que lhe rendeu o apelido.

Havia diferentes classes de serviço, variando do mais básico, que era bem barato, mas com pouca ou nenhuma comodidade, até classes mais confortáveis. Nas classes mais básicas, a maioria dos passageiros acomodava-se no chão. O trem, para o Brasileiro, estava mais para trem de carga do que para trem de passageiros. Mas, como eles não queriam chamar atenção sobre sua presença, entraram no trem e sentaram-se no chão, como os demais passageiros.

Alguns soldados, uniformizados e armados com fuzis, vigiavam o trem e faziam a inspeção do mesmo antes da partida. Quando os soldados entraram no vagão, onde estavam o

Brasileiro e seu amigo, eles facilmente perceberam que os dois tinham características bem diferentes dos demais passageiros e pediram que eles desembarcassem e apresentassem os documentos. Obedientes, eles saíram do trem e mostraram os documentos de que dispunham. Após uma breve olhada nos documentos, um dos soldados disse que eles não poderiam seguir viagem naquele trem e, para evitarem a necessidade de alguma ação por parte deles, que retornassem imediatamente ao Brasil. Frente àqueles soldados armados, foi um alívio receber a ordem de voltar ao Brasil.

Rapidamente pegaram, de novo, o transporte na carroceria da camionete e retornaram a Corumbá.

Como a viagem mal tinha começado, decidiram que não voltariam para casa frustrados e planejaram um novo roteiro. De trem, retornaram a Campo Grande e, de lá, também de trem, seguiram para a cidade de Ponta Porã, que faz divisa com a cidade de Pedro Juan Cabalero, no Paraguai.

Em Pedro Juan Cabalero, foram recebidos pelo Oscar, o amigo paraguaio que tinha morado na mesma república que eles, que os hospedou em sua casa. Durante o passeio pela cidade, pararam no cassino. Essa parada foi o ponto-chave neste passeio. Entraram no cassino e começaram a jogar e estavam perdendo. O Brasileiro decidiu parar de jogar antes que perdesse mais dinheiro. Quando estava saindo, passou ao lado da roleta e pensou em fazer a última jogada. Pegou as fichas que lhe restavam e apostou todas em um único número. Para sua felicidade, a aposta foi no número vencedor. Ganhou uma bolada e não jogou mais, até saírem do cassino. O dinheiro que ganhou pagou por um belo jantar e uma noitada com prostitutas. Foi ótimo.

No dia seguinte, partiram para Assunção, capital do Paraguai, de ônibus e fora de qualquer rota turística. Uma aventura e tanto, onde puderam conhecer parte da realidade daquele país.

As estradas eram principalmente de terra ou cascalho, com pavimentação irregular e muitos trechos esburacados. O trajeto proporcionava vistas de áreas rurais, plantações, florestas e pequenas aldeias. Fizeram várias paradas ao longo da viagem, tanto na estrada para embarque e desembarque de passageiros, como em pequenos vilarejos e postos de gasolina para reabastecimento e necessidades dos passageiros. Além dessas paradas, patrulhas militares também os pararam por três vezes, uma para inspeção dos usuários do ônibus e outras duas para aguardar o deslocamento de veículos e tropas que estavam em operações militares em andamento.

Viajar de ônibus em 1976, nessa rota, no Paraguai, foi uma experiência muito além do simples deslocamento, foi uma imersão na vida cotidiana, nas paisagens e na cultura do país.

Chegando a Assunção, ficaram em um hotel que, apesar de modesto, atendia plenamente as necessidades imediatas de dois viajantes cansados, um bom banho e descanso. Passearam pela cidade e, como turistas, visitaram o Centro Histórico, que incluiu a Catedral Metropolitana de Assunção e algumas praças.

Então, atravessaram o rio Paraguai e entraram na Argentina, cidade de Clorinda. De Clorinda, passaram por Formosa e seguiram de carona até a cidade de Santa Fé, onde pegaram um ônibus até Buenos Aires. Durante a viagem de ônibus, foram parados por uma patrulha militar que pediu a eles e outros três passageiros que descessem do ônibus para verificação. Estavam com medo de serem enquadrados como terroristas, inimigos do governo, como acontecia no Brasil da época. Foram autorizados a retornar ao ônibus depois que um dos soldados, durante a revista, encontrou uma Bíblia entre as suas coisas e a mostrou ao seu superior, comentando alguma coisa que não puderam ouvir. Os outros três passageiros também foram liberados.

Eles chegaram a Buenos Aires, sujos, cansados e com as mochilas nas costas. Para facilitar sua estada, foram a um banco para trocar parte dos dólares em seu poder por pesos. A entrada deles no banco causou uma confusão, foram cercados e ameaçados com armas, provavelmente pela aparência deles.

Após se explicarem, serem revistados e se desculparem, deixaram que um deles entrasse para fazer o câmbio, enquanto o Brasileiro aguardava do lado de fora, com as mochilas.

Após se hospedarem e se recuperarem do cansaço e do susto, foram passear por Buenos Aires. Conheceram a Casa Rosada, sede do governo argentino, com a famosa varanda de Evita Perón, a Plaza de Mayo, o obelisco e outros locais. Também comeram churrasco e tomaram vinho.

Então, atravessaram de barco o rio da Prata e foram para a cidade de Colonia, no Uruguai, de onde seguiram para Montevidéu.

Após hospedarem-se, circularam por Montevidéu. Foram até a Ciudad Vieja, parte mais antiga da cidade, com ruas de paralelepípedos, prédios históricos e muitos cafés e bares, e também ao histórico Mercado del Puerto.

Daí, seguiram de carona até Punta del Leste, onde chegaram no início da madrugada, de carona em uma carroceria de caminhão. Estavam muito cansados e dormiram na praia mesmo, na areia. Logo ao amanhecer, procuraram um hotel para um banho e refeição. Visitaram a Casa Pueblo e alguns hotéis e cassinos da cidade, mas infelizmente tinham que iniciar a viagem de volta, pois o dinheiro que tinham levado estava acabando.

De Punta del Leste seguiram de carona em direção ao Brasil, atravessando o Uruguai, chegando à fronteira com o Brasil no Chuí, no Rio Grande do Sul. Essa viagem foi mais dura que as anteriores, com longas caminhadas e sede, pois devido à seca na época, faltava água para beber.

Na entrada para o Brasil, o documento de saída do país apresentado por eles surpreendeu o funcionário do posto de controle de fronteira por ter sido emitido em Ponta Porã, que lhes perguntou: "O que vocês estão fazendo aqui? Se perderam?" Eles responderam: "Quase isso!"

Do Chuí seguiram de carona até a cidade de Rio Grande, onde pegaram um ônibus até Curitiba. De Curitiba, seguiram, também de ônibus, até São Paulo. Chegaram a São Paulo sem dinheiro suficiente para seguir viagem para o interior do estado. Então, foram até o apartamento de uma amiga do Brasileiro, onde conseguiram dinheiro emprestado para voltarem para casa. Para se ter uma ideia do aspecto com que chegaram a São Paulo, a sua amiga confessou, após recebê-los, que, ao olhar pelo olho mágico da porta, não o reconheceu e não pretendia abrir a porta. Somente após reconhecer a sua voz, é que decidiu abri-la.

Assim, após um cafezinho, saíram e foram pegar o ônibus até em casa, encerrando a sua grande aventura.

Na época, nem passou pela mente deles o perigo que os espreitou durante toda a viagem. Eles saíram do Brasil de Geisel, passaram pela Bolívia de Hugo Banzer, depois pelo Paraguai de Stroessner e por último pelo Uruguai de Bordaberry, todos países sob governos de ditaduras militares. Com a repressão política atuante nesses países, eles facilmente poderiam ter "desaparecido", em defesa da ordem, como aconteceu com milhares de outras pessoas nesses países.

CAPÍTULO 6

"DO ESTÁGIO À PROFISSÃO: A FORMAÇÃO E EVOLUÇÃO TECNOLÓGICA NO CURSO DE ENGENHARIA DO BRASILEIRO"

Sobre o curso de engenharia e o desenvolvimento da tecnologia eletrônica, o Brasileiro, recorda-se que, inicialmente, apresentaram-lhe as válvulas eletrônicas, os transistores e alguns dos primeiros circuitos integrados, chips, e, depois, no último ano do curso de eletrônica, os micro chips, cujo desenvolvimento ocorreu a partir de 1970.

Era evidente para o Brasileiro que ainda era necessário um grande investimento na indústria e no progresso técnico para acompanhar as mudanças que estavam ocorrendo na sociedade por meio da ciência, tecnologia e inovação. Alguns aparelhos com os quais o Brasileiro teve contato durante seus estágios já utilizavam componentes de última geração, que ainda não estavam inclusos no currículo escolar.

De acordo com a capacidade instalada, os equipamentos das centrais telefônicas e dos computadores das empresas ocupavam grandes áreas e, devido à evolução tecnológica, atualmente são reduzidos a um ou dois armários, ou nem isso.

A evolução da tecnologia eletrônica, das válvulas até os micro e nano chips, permitiu a criação de dispositivos cada vez mais compactos, poderosos e eficientes. Essa tendência continua até hoje, com pesquisas e desenvolvimentos constantes visando criar chips ainda menores, mais rápidos e mais eficientes.

A cultura musical, ao contrário da evolução tecnológica, nessa época teve uma evolução rápida, intensa e significativa.

Nas décadas de 70 e 80, foi observada uma cena musical diversificada e vibrante, refletindo as mudanças sociais, culturais e políticas que estavam ocorrendo no Brasil durante esse período.

Alguns dos destaques e tendências, dentre a grande variedade de estilos e gêneros que emergiram e se desenvolveram na época, foram:

- Tropicália – O movimento que se iniciou no final dos anos 60, continuou a influenciar a música brasileira nas décadas de 70 e 80. Artistas como Caetano Veloso, Gilberto Gil, Gal Costa e Os Mutantes mesclaram influências da música popular brasileira com elementos da cultura pop internacional que resultou em um som experimental e inovador.

- MPB (Música Popular Brasileira) - A MPB floresceu nas décadas de 70 e 80, contando com a contribuição de vários artistas. Cantores e compositores como Chico Buarque, Elis Regina, Milton Nascimento, Maria Bethânia, Djavan e outros, que produziram músicas de alta qualidade durante esse período, explorando uma variedade de temas sociais, políticos e emocionais.

- Samba e Pagode - O samba manteve sua popularidade ao longo das décadas de 70 e 80, com artistas como Martinho da Vila, Alcione, Clara Nunes e Zeca Pagodinho mantendo viva a tradição do gênero. O pagode começou a ganhar destaque durante os anos 80, com grupos como Fundo de Quintal, Grupo Raça e Grupo Revelação que trouxeram uma abordagem mais contemporânea ao gênero.

- Rock Brasileiro - O rock brasileiro começou a ganhar força durante as décadas de 70 e 80, com bandas como Os Mutantes, Secos & Molhados, Rita Lee, Raul Seixas, Legião Urbana, Titãs, Paralamas do Sucesso e muitas outras deixando sua marca na cena musical brasileira.

- Música Regional e Folclórica - Artistas e grupos, representando as diversas tradições musicais regionais do Brasil, também prosperaram durante as décadas de 70 e 80. Os gêneros como forró, baião, frevo e maracatu, cresceram com artistas como Luiz Gonzaga, Elba Ramalho, Dominguinhos e Hermeto Pascoal, entre outros, mantendo viva essa rica diversidade musical.

Nesse cenário, o Brasileiro formou-se em engenharia. Assim como, alguns dos seus amigos, antigos companheiros da sua cidade, que também concluíram seus cursos universitários e tornaram-se engenheiros, dentistas, veterinários e advogados. Poucos deles não concluíram o curso superior.

Sempre otimista e confiante no que estava reservado para ele no futuro, o Brasileiro, iniciou uma nova fase de sua vida, como profissional de engenharia.

CAPÍTULO 7

"1977: VITÓRIAS, PERDAS E NOVOS COMEÇOS NA VIDA DO BRASILEIRO"

O ano de 1977, para o Brasileiro, foi marcado por vitórias pessoais, situações dolorosas e desafios pessoais. O Brasileiro concluiu o curso de engenharia, seu pai morreu e ele conseguiu seu primeiro emprego como engenheiro.

No início desse ano, nos primeiros quatro meses, o Brasileiro fez estágio em uma grande empresa de telecomunicações. O Brasileiro e outros estagiários não foram admitidos devido à decisão da empresa de deixar de produzir equipamentos no Brasil, embora tenha permanecido ativa na área de serviços, mas como uma nova empresa com capital nacional.

O Brasileiro concluiu o curso de engenharia e recebeu a carteira provisória do Conselho Regional de Engenharia e Arquitetura - CREA em julho, mas já estava em busca do seu primeiro emprego desde que terminou o estágio.

A vida seguia seu ritmo normal, mas, na noite do dia primeiro de outubro, um sábado, o Brasileiro, ao entrar na república, vindo da balada, surpreendeu-se com a presença de duas amigas que vieram até sua casa para comunicar-lhe a morte do seu pai. A dor e o choque pelo inesperado, foram muito grandes.

A morte do pai do Brasileiro foi causada por um infarte após ele retornar de uma viagem a Campo Grande, onde fora verificar uma oportunidade de negócio, a pedido de um dos irmãos. Aliás, o infarte do pai do Brasileiro salvou provavelmente a vida desse seu irmão que, ao ver a morte do irmão, preocupou-se e resolveu fazer exames. Após o sepultamento do irmão, ele foi a São Paulo para a realização de consulta e exames. O cardiologista que o atendeu recomendou que ele somente retornasse à sua cidade após uma cirurgia cardíaca, pois corria risco de vida se não a fizesse. Assim, o tio do Brasileiro voltou à sua cidade após a implantação de ponte de safena.

Naquela época, as comunicações eram limitadas, não havia muita disponibilidade de telefones e não havia os meios instantâneos que existem hoje em dia. Não havia celulares, nem internet, e a única forma de se comunicar à distância era por carta ou telegrama. Assim, duas amigas que moravam em São Paulo, compreendendo a urgência e a importância do fato, tomaram a decisão de ir até o Brasileiro e dar-lhe a notícia pessoalmente.

O Brasileiro, seguiu então para sua cidade natal, onde acompanhou as cerimônias fúnebres do enterro de seu pai.

Para os católicos, que era o caso do pai do brasileiro, fazia-se a cerimônia fúnebre em três momentos.

Primeiro a vigília de oração na casa do morto. Naquela época, geralmente, ainda se fazia o velório na casa do morto, pois não era comum utilizar-se de casas funerárias para velar os defuntos.

Depois na igreja. A caminho do cemitério parava-se na igreja, onde o sacerdote, como auxílio espiritual para o defunto, o abençoa, entrega-o a Deus e apresenta na liturgia da palavra a consolação e a esperança para aqueles que choram pelo morto. Com a presença não só dos parentes, mas também dos amigos e conhecidos.

E por fim no cemitério, com o sepultamento.

Apesar da enorme tristeza pela perda de seu pai, o Brasileiro sempre terá presente em seu coração, os familiares e amigos, dos quais recebeu carinho e conforto quando mais precisou. Este fato também ensinou-o sobre a força da amizade e o poder do apoio mútuo nas horas de adversidade.

Quando seu pai faleceu, ele aguardava uma resposta sobre sua candidatura a um cargo em uma empresa britânica fabricante de equipamentos de telecomunicações, a Plessey ATE Telecomunicações Ltda. Ele já havia completado os testes e a entrevista, e estava na lista de candidatos qualificados.

Apesar de desejar ficar mais tempo no conforto e segurança, vindos da companhia de sua mãe e das irmãs, dos amigos e outros familiares, o Brasileiro foi chamado e teve que voltar para assumir o seu primeiro emprego.

Com o luto ainda presente, começou a trabalhar no dia 10 de outubro de 1977, apenas nove dias após a morte de seu pai.

O brasileiro, envolvido em sentimentos antagônicos, encontrava conforto e satisfação no carinho e atenção recebidos, mas não podia negar a presença constante da solidão. Entretanto, sentia-se capaz de seguir em frente.

Iniciava-se uma nova etapa da vida do Brasileiro.

CAPÍTULO 8

"PRIMEIROS ANOS COMO ENGENHEIRO: CRESCIMENTO PROFISSIONAL E PESSOAL EM TEMPOS DE MUDANÇA"

O início da nova etapa foi marcado por altos e baixos, momentos de alegria pela conquista e de tristeza pela perda do pai.

Muito tempo depois, o Brasileiro descobriu que nessa fase da vida, ele teve a oportunidade de viver na prática, sem o saber, situações que, conforme a sabedoria universal nos ensina, podem moldar nosso caráter e ensinar lições valiosas sobre resiliência e superação.

Que o crescimento pessoal não é linear. Haverá altos e baixos, momentos de grande alegria e outros de profunda tristeza. A chave está em abraçar todas essas experiências com a mente aberta e o coração receptivo, buscando aprender com cada uma delas.

Que ao seguirmos esse caminho, podemos transformar as memórias dolorosas em ferramentas de crescimento e transformação. As cicatrizes emocionais podem se tornar símbolos de força e superação, lembretes constantes da nossa capacidade de perseverar e melhorarmos.

Que a dor faz parte da vida, mas como lidamos com ela define quem somos. Que devemos aprender com as dificuldades e usá-las para desenvolver o nosso potencial.

A ideia de que as dificuldades nos fortalecem e nos ensinam a ser mais resilientes é um tema recorrente em diversas obras literárias e filosóficas, desde os estoicos da Grécia Antiga até os autores modernos de autoajuda.

Os primeiros anos como engenheiro foram ótimos para o Brasileiro. Conheceu por dentro uma grande empresa fabricante de equipamentos de telecomunicações e parte de seus clientes e aprendeu muito com isso, tanto profissionalmente como pessoalmente.

Com o Brasileiro, foram contratados outros dois engenheiros recém-formados e os três tornaram-se grandes amigos.

No primeiro ano de trabalho o Brasileiro fez sua primeira viagem de avião, comprou seu primeiro carro e mudou-se da república em São Bernardo do Campo para um apartamento em São Paulo.

Nos primeiros seis meses de trabalho, o Brasileiro fez, sozinho, sua primeira viagem de avião. A viagem teve por finalidade entregar uma proposta técnica e comercial para o fornecimento de centrais telefônicas para a empresa TELPE, Telecomunicações de Pernambuco, partindo do aeroporto de Congonhas, em São Paulo, para Recife. Foi uma experiência inesquecível, pois, até então, o Brasileiro só conhecia um único aeroporto, o da sua cidade. Quando ele era criança, seu pai o levou para ver um avião da companhia de aviação Real, que fazia escala na sua cidade. A Real foi vendida e transformou-se na Varig, que foi uma das pioneiras da aviação comercial no Brasil, conhecida por sua qualidade de serviço e importância no desenvolvimento do transporte aéreo no Brasil. A Varig hoje não existe, assim como o aeroporto da cidade natal do Brasileiro.

A TELPE, e as demais companhias telefônicas estaduais, eram parte da estatal TELEBRAS, criada em 17 de novembro de 1972 e estruturada para operar ao nível nacional, cobrindo todos os estados brasileiros, como holding de empresas de telefonia estaduais e regionais, além da Embratel, responsável pelas chamadas de longa distância, e do CPQD, Centro de Pesquisa e Desenvolvimento em Telecomunicações.

A TELEBRAS foi responsável por coordenar e expandir a infraestrutura de telecomunicações em todo o território nacional, desempenhando um papel histórico significativo na modernização das telecomunicações brasileiras, até a sua privatização em 1998.

Para chegar até a Plessey ATE Telecomunicações Ltda., localizada na zona sul de São Paulo, na região da represa de Guarapiranga, o Brasileiro ia de ônibus de São Bernardo do Campo até Diadema, de onde pegava outro ônibus até a empresa. Era uma viagem e tanto. Já o retorno era feito com outros itinerários, pois pegava caronas para facilitar a ida para casa ou para outros destinos em função de outras atividades como passeios, reunião de amigos, cinema e outros.

Essa rotina para o deslocamento foi alterada após o Brasileiro conhecer outro colega de trabalho que também morava em São Bernardo do Campo e vinha de carona com um amigo que trabalhava em uma empresa próxima e dividia as despesas de deslocamento. Assim, o Brasileiro, passou a ir para o trabalho com eles.

Essa situação foi alterada quando o Brasileiro conseguiu comprar seu primeiro carro, o que facilitou seus deslocamentos, tanto para o trabalho como para outras atividades.

Os outros dois engenheiros, contratados com o Brasileiro, também vieram de fora da cidade de São Paulo e um deles estava morando com conhecidos e o outro com parentes.

A amizade entre os três foi crescendo e se firmando, até que, durante uma conversa, resolveram procurar por um apartamento que eles pudessem dividir como moradia. Algum tempo depois, conseguiram alugar um apartamento que atendia às suas necessidades e mudaram-se para lá. A festa de abertura do apartamento foi ótima para eles, para os convidados e também para os vizinhos do andar. Uma das convidadas para a "inauguração" conhecia e convidou para a festa o cantor e compositor Geraldo Vandré, uma lenda na época, que compareceu. Pudemos então constatar o que a perseguição pode fazer com uma pessoa. Ele era a personificação da derrota, sua aparência, disposição e comportamento em nada nos remetia à imagem que o Brasileiro e os outros tinham dele.

Geraldo Vandré ficou conhecido por sua participação ativa no movimento da música popular brasileira durante a década de 1960. Sua obra mais famosa, a música "Pra Não Dizer que Não Falei das Flores", tornou-se um hino de resistência contra o regime militar, sendo amplamente adotada por movimentos de contestação e protesto. Ele também participou ativamente de manifestações culturais e políticas de resistência à opressão. Após um período de intensa perseguição e censura por parte da ditadura militar, Geraldo Vandré afastou-se da vida pública. Sua figura e sua música, no entanto, permanecem como parte integrante da história e da cultura brasileira, lembrando-nos do poder da arte como forma de expressão e de protesto.

Nessa fase, a rotina do Brasileiro era de trabalho e festas. Festas compreendiam frequência a bares e boates, shows, cinema e teatro. Um show que marcou o Brasileiro na época foi o de uma cantora paraense iniciante, então com apenas dezoito anos, que ficou conhecida como Fafá de Belém.

Outro fato importante na vida do Brasileiro foi quando, no final do ano de 1979, por volta das oito horas da noite, ele cochilou em plena Avenida Rebouças, em São Paulo. Para sua sorte, não passou de um grande susto, não causou nem foi vítima de nenhum acidente, mas entendeu o fato como um alerta de que estava exagerando nas festas e uma mudança de comportamento era o certo a se fazer. E assim o fez.

Além da mudança de comportamento do Brasileiro, outras ações estavam em curso no país. Essas iniciativas agradavam o Brasileiro, pois sinalizavam um movimento em direção ao retorno da democracia no Brasil.

O Brasil, nos anos de 1978 e 1979, governado por Ernesto Geisel, apresentava uma fase de abertura política moderada conhecida como "distensão lenta, gradual e segura", embora o regime militar ainda mantivesse um controle significativo sobre a política e a sociedade brasileira. A censura e a repressão a opositores políticos, apesar de menos intensas do que em anos anteriores, continuavam presentes.

Eventos significativos do período de 1978 a 1979:

- Anistia - Em 1979, foi promulgada a Lei da Anistia, que permitiu o retorno ao país de exilados políticos e a libertação de presos políticos. A anistia foi um passo importante para a reconciliação nacional e o fim da repressão política.

- Movimento sindical - Nesse período, os sindicatos e movimentos trabalhistas ganharam destaque, especialmente nas grandes cidades como São Paulo. A resistência operária e sindical foi fundamental para pressionar por melhores condições de trabalho e mais liberdades políticas.

- Movimento estudantil - Os estudantes também desempenharam um papel ativo na oposição ao regime militar, organizando manifestações e protestos que resultavam muitas vezes em confrontos com as forças de segurança.

- Eleições indiretas - Em setembro de 1978, ocorreram eleições indiretas para governadores nos estados, que anteriormente eram indicados pelo presidente da república, marcando a imagem de abertura política pelo regime militar.

Esse episódio de eleição indireta em São Paulo, elegendo Paulo Maluf para governador e José Maria Marin para vice e Amaral Furlan para vice, todos pertencentes à ARENA, reflete um período significativo da política brasileira, onde a estrutura de poder permitia escolhas por parlamentares em substituição aos processos eleitorais diretos. Esse evento específico exemplifica como as regras constitucionais e as dinâmicas políticas podem influenciar a sucessão de governantes.

Em 15 de novembro de 1978, ocorreram eleições diretas para senadores e deputados que resultaram na eleição de Franco Montoro para senador pelo MDB e elegeram as maiores bancadas de oposição entre os 55 deputados federais e 79 deputados estaduais eleitos.

CAPÍTULO 9

"TRANSFORMAÇÕES E SURPRESAS: O ANO MARCANTE NA VIDA DO BRASILEIRO"

A empresa, onde o Brasileiro e os amigos, que dividiam com ele o apartamento, trabalhavam, concluiu que seria necessária uma redução de custos, devido a uma queda nas vendas em 1979. Na redução de custos planejada, estava incluída a demissão de parte dos empregados. Ao saber da notícia, o Brasileiro começou a procurar uma nova colocação.

Dos três amigos, o Brasileiro, foi o último a ser comunicado da demissão, que ocorreu em 25 de fevereiro de 1980.

Mas, o Brasileiro, ao enfrentar o contratempo da demissão, depara-se com o inesperado. O que era um contratempo conhecido e esperado, transformou-se em uma oportunidade que mudaria sua vida para melhor, mostrando que, às vezes, a boa sorte pode surgir nos momentos mais inusitados.

O brasileiro começou a trabalhar em outra empresa de equipamentos de telecomunicações de origem americana, a GTE do Brasil, que não era concorrente da Plessey, de onde foi dispensado, em 3 de março de 1980. Isso ocorreu apenas seis dias após sua demissão, e com um salário mais elevado.

Os dois amigos, que dividiam o apartamento com o Brasileiro, também foram trabalhar na mesma empresa.

O Brasileiro resolveu aplicar o dinheiro recebido em função da sua demissão, dividindo-o entre um fundo de investimento no banco onde tinha conta e outra parte em gado.

Um amigo, da sua cidade natal, convenceu o Brasileiro de que gado seria uma grande oportunidade de investimento e com retorno garantido a curto prazo. A operação pecuária seria simples, o Brasileiro mandaria o dinheiro para seu amigo e ele compraria as cabeças de gado, que ficariam nas suas terras até crescerem e atingir o ponto ideal para venda. Então, seriam vendidos e o Brasileiro receberia o capital investido acrescido do lucro obtido com a venda.

No entanto, após realizar o investimento, o Brasileiro desconfiou que havia algo errado, pois toda vez que ia até sua cidade, o amigo sempre tinha uma desculpa para que o Brasileiro não pudesse ver o gado que havia comprado. Quando o Brasileiro recebeu a notícia de que uma das cabeças de gado havia morrido, sua desconfiança aumentou, pois tudo indicava que havia sido vítima de um golpe e que, provavelmente, o dinheiro investido havia sido desviado. Então, contou uma triste estória para seu "amigo", visando convencê-lo de que, caso não conseguisse recuperar o capital rapidamente, estaria em maus lençóis, devido a outros compromissos assumidos. Para seu bem, a estória, inventada, atingiu a consciência do seu "amigo" e, após algum tempo, conseguiu reaver o dinheiro investido sem qualquer desconto.

O Brasileiro ficou chocado e frustrado por ter sido enganado, por confiar em um amigo e aprendeu que, infelizmente, não se pode confiar totalmente nas pessoas mesmo que as considere amigas há muito tempo. Investir de boa-fé não garante proteção contra golpes e é essencial estar sempre vigilante.

Essa experiência ensinou-lhe uma lição valiosa sobre a importância de se verificar, cuidadosamente, todas as informações disponíveis sobre o negócio em vista, antes de fazer qualquer investimento significativo.

Ainda em 1979, o Brasileiro, decidiu que era hora de melhorar sua formação profissional e candidatou-se para o Curso Especial de Administração de Empresas, um curso da Universidade Mackenzie destinado a profissionais que já haviam concluído um curso universitário. A admissão ao curso era baseada na análise dos currículos escolar e profissional dos candidatos e o Brasileiro foi admitido no curso.

Novo ano, novo emprego, um novo curso de formação e uma estreia como investidor. Assim, iniciou-se o ano de 1980, que ainda reservava, para o Brasileiro, outras surpresas e mudanças de vida.

Nessa fase também, o Brasileiro voltou a namorar uma garota da sua cidade que havia se formado e estava trabalhando em São Paulo.

O Brasileiro interrompeu o relacionamento anterior com ela por considerar que não era justo deixá-la com a ilusão de que teria um futuro imediato com ele. Primeiro pela falta de planos, por parte do Brasileiro, a respeito de casamento e também em função do estilo de vida que ele havia adotado.

Com a mudança de seu comportamento em relação às festas e diversão, a vinda dela para São Paulo e seu amor por ela, que ainda permanecia, procurou-a e reataram o relacionamento.

Tudo ia muito bem, novo emprego, novo curso, novo comportamento e novo relacionamento.

Então, no início do segundo semestre do ano o Brasileiro e sua amada foram surpreendidos por uma gravidez. Após conversarem e pensarem a respeito, decidiram-se pelo casamento, que ocorreu no final de setembro de 1980.

O casamento foi realizado na cidade natal dos noivos, com a presença de familiares e amigos dos noivos da cidade e também dos amigos mais recentes, que não se importaram com os deslocamentos para estarem presentes. O Brasileiro, ao vivenciar essa experiência, foi completamente envolvido por uma sensação de ser amado, um sentimento que carrega consigo até hoje.

A festa, os encontros e as atenções são apenas aspectos de uma realidade que possui outras facetas igualmente importantes, as quais também requerem cuidado e ação. Por exemplo, a questão de onde morar.

Um dos companheiros, que moravam com o Brasileiro, estava noivo e, como parte da preparação para um casamento futuro, havia comprado um pequeno apartamento e se propôs a alugá-lo ao Brasileiro, por um preço bastante razoável, já que não iria utilizá-lo de imediato.

O universo, o destino, a sorte, a providência divina, conforme entendida pelo Brasileiro, ou qualquer outro nome que se queira usar, mais uma vez foi-lhe favorável, permitindo a continuidade da sua vida sem maiores solavancos. Mais uma vez, o Brasileiro sentiu-se privilegiado.

O Brasileiro iniciou o ano de 1980 com um novo comportamento social, uma mudança de emprego e a matrícula em um curso visando aprimoramento profissional. Fez sua estreia como investidor e encerrou o ano casado, aguardando a chegada de seu primeiro filho. Foi um ano verdadeiramente excelente, repleto de surpresas e transformações positivas.

CAPÍTULO 10

"A LEI N.º 6.767 DE 1979 E O FIM DO BIPARTIDARISMO: ABERTURA DEMOCRÁTICA E A CRIAÇÃO DE NOVOS PARTIDOS POLÍTICOS NO BRASIL"

Um fato político relevante em 1979 foi a promulgação da lei n.º 6.767 de 20 de dezembro de 1979, que pôs fim à estrutura bipartidária, permitindo a criação de novos partidos políticos. Esse movimento foi essencial para a transição democrática, ampliando o espaço para a participação de novas posturas políticas e refletindo a diversidade de ideias e interesses da sociedade brasileira.

Esse processo, parte do movimento de redemocratização do país, trouxe várias novas forças políticas à cena nacional. Aqui estão alguns dos principais partidos que surgiram ou foram fortalecidos durante esse período:

1 - Partido do Movimento Democrático Brasileiro (PMDB) - O PMDB surgiu em 1980, como uma dissidência do Movimento Democrático Brasileiro (MDB), único partido de oposição permitido durante o regime militar. O PMDB tornou-se um partido de centro e desempenhou um papel importante na transição para a democracia.

2 - Partido Democrático Social (PDS) – O PDS surgiu em 1980, resultante da extinção da Aliança Renovadora Nacional (ARENA), o partido que apoiava o regime militar brasileiro. O PDS foi formado majoritariamente por políticos que apoiavam o

regime militar e desejavam continuar a defender seus princípios e políticas dentro do novo contexto de abertura democrática.

3 - Partido dos Trabalhadores (PT) - Fundado em 1980, o PT é um dos principais partidos de esquerda no Brasil. Surgiu de movimentos sindicais, sociais e intelectuais e teve um papel significativo na luta pela redemocratização e na defesa dos direitos trabalhistas e sociais.

4 - Partido Democrático Trabalhista (PDT) - Criado em 1981, o PDT é herdeiro do antigo Partido Trabalhista Brasileiro (PTB), liderado por Getúlio Vargas. Sob a liderança de Leonel Brizola, o partido defendeu o nacionalismo, o trabalhismo e a justiça social.

5 - Partido Trabalhista Brasileiro (PTB) - Refundado em 1981, o PTB é uma continuidade do partido original criado por Getúlio Vargas na década de 1940. O novo PTB buscou se distanciar do trabalhismo clássico, adotando uma posição mais centrista.

6 - Partido da Frente Liberal (PFL) - Fundado em 1984, o PFL era uma coalizão de políticos conservadores que apoiavam o regime militar. Com a abertura política, o partido se consolidou como uma das principais forças políticas de direita no país.

Além desses, houve a criação de diversos outros partidos menores e movimentos políticos que buscaram representação durante o período de redemocratização. Esses novos partidos e movimentos contribuíram para a diversificação do cenário político brasileiro e para a consolidação do sistema democrático no país.

CAPÍTULO 11

"TRANSIÇÕES PESSOAIS E PROFISSIONAIS: MUDANÇAS E NOVOS COMEÇOS EM MEIO À REDEMOCRATIZAÇÃO DO BRASIL"

No início de 1981, o Brasileiro e a esposa mudaram-se para um apartamento com dois dormitórios em um edifício localizado na mesma região onde estavam morando, preparando-se para a chegada do bebê.

O novo edifício tinha uma arquitetura elegante e moderna. O apartamento tinha uma pequena sala de jantar integrada com uma ampla e iluminada sala de estar, que oferecia um ambiente acolhedor e perfeito para receber convidados. A suíte principal era espaçosa, com um ótimo banheiro. O segundo dormitório era igualmente confortável, ideal para família ou hóspedes. Além disso, tinha um segundo banheiro completo, prático e bem decorado. A cozinha, funcional e bem equipada, proporciona um espaço perfeito para preparar refeições. A área de serviço, discretamente integrada, completava o conjunto, garantindo praticidade e conforto.

No mês de maio de 1981 nasceu a primeira filha do casal. Mais um fato inesquecível na vida do Brasileiro.

No final de 1982, o Brasileiro foi consultado sobre seu interesse em mudar de emprego. Após analisar e conversar com a esposa e alguns amigos, decidiu aceitar o convite.

Assim, o Brasileiro, em 17 de janeiro de 1983, começou a trabalhar Siteltra S.A., uma empresa com tecnologia alemã oriunda da Telenfunken Telecom, também fabricante de equipamentos de telecomunicações e não concorrente da GTE do Brasil.

A GTE do Brasil, posteriormente, com a nacionalização do capital, se tornaria Multitel.

Também em 1983, a renovação do contrato de aluguel do apartamento resultaria em um novo valor mensal superior ao permitido pelo salário do Brasileiro. Por isso, ele pesquisou os prédios na região onde morava para encontrar um aluguel que coubesse no seu orçamento.

Comentando o fato com um amigo, soube que ele morava em um condomínio de casas em outro bairro, um local bastante agradável e tranquilo. O Brasileiro foi conhecer o condomínio e gostou. Na visita, soube que havia uma casa disponível para alugar e que o valor do aluguel atendia às suas expectativas.

Mais uma vez, o Brasileiro sentiu a providência divina agindo a seu favor. Conseguir uma casa com valor de aluguel razoável foi uma bênção, e ainda teve o presente de reencontrar três amigos da sua cidade que também moravam no mesmo condomínio. Isso tudo também deixou sua esposa muito contente. Além disso, o deslocamento para a nova empresa era melhor a partir do novo endereço do que do anterior.

Enquanto o Brasileiro se casava, se tornava pai de uma linda menina, pela segunda vez mudava de emprego e de residência, a situação política e social no Brasil estava em constante evolução.

O Brasil, entre os anos de 1980 e 1985, passou por um significativo período de transição política, passou do regime militar vigente desde 1964, para um regime muito próximo do democrático total. Durante essa transição, o processo de eleições para governadores de estado foi marcado por mudanças e adaptações.

Conforme já citado anteriormente, a partir de 1974, iniciou-se um processo de abertura política conhecido como "Distensão", que visava um retorno gradual à democracia, o que nos levou a um ambiente político mais flexível e à realização de eleições mais livres.

Cada estado tinha um colégio eleitoral que elegia o governador e o vice-governador. Esses colégios eram compostos por deputados estaduais e, em alguns estados, por representantes municipais.

A partir de 1982, o regime militar ajustou as leis e regras eleitorais para permitir mais liberdade política nas eleições com a promulgação da Emenda Constitucional n.º 25, que permitiu eleições diretas para os cargos de governador e vice-governador, além de prefeitos e vice-prefeitos em cidades com mais de 200 mil habitantes.

Esses ajustes permitiram uma maior pluralidade política, o que resultou em uma maior participação e competição.

Em 1982, houve eleições diretas para governador em alguns estados. Os estados que realizaram eleições diretas para governador em 1982 foram: São Paulo - vencida por Franco Montoro (PMDB), Minas Gerais - vencida por Tancredo Neves (PMDB) e Rio de Janeiro - vencida por Leonel Brizola (PDT).

Essas eleições foram um marco importante na redemocratização do Brasil, representando um avanço significativo no processo político. A eleição direta para governadores só foi reestabelecida em todo o Brasil com a Constituição de 1988.

A experiência do brasileiro era, de certa forma, o que o Brasil vivia naquele instante. A adaptação às novas condições de vida do Brasileiro, casado, pai, com uma nova residência e emprego, foi como a política de transição: com desafios e expectativas de renovação.

CAPÍTULO 12

"VIDA E TRANSFORMAÇÕES: TRABALHO, LAR E PATERNIDADE NO CONTEXTO DA REDEMOCRATIZAÇÃO E DESENVOLVIMENTO ECONÔMICO"

O Brasileiro estava satisfeito com as atividades do novo emprego, com a nova casa e principalmente com a nova experiência de ser pai.

No novo cargo o Brasileiro era responsável por um projeto significativo para a sua empresa e muito satisfatório para ele tanto no campo profissional como no campo pessoal. No âmbito profissional, ele trabalhava com novos equipamentos e serviços, e no pessoal, sentia orgulho de participar de um grande projeto que teria impacto positivo na vida de muitas pessoas e empresas, sendo importante para o Brasil e para o desenvolvimento da região onde estava sendo implantado.

Como as reuniões virtuais ainda não eram acessíveis, os encontros eram presenciais, o que resultava em muitas viagens, tanto para o Rio de Janeiro, sede da CVRD, quanto para São Luís, onde as obras estavam acontecendo. Para facilitar a comunicação e reduzir os custos de chamadas telefônicas e deslocamentos, o Departamento de Instalações da empresa em São Paulo se comunicava com o escritório em São Luís por meio de uma conexão de rádio.

O projeto visava fornecer e instalar toda a rede de comunicações e equipamentos de tele supervisão necessários para atender um porto em São Luís, no Maranhão, uma ferrovia ligando o porto à Mina de Ferro Carajás, no Pará, e a estrutura da mina, que estavam sendo construídos pela Companhia Vale do Rio Doce (CVRD).

Oficialmente concluído em 1986, o porto é o Terminal Marítimo de Ponta da Madeira que é privado e pertence à mineradora Vale, sucessora da CVRD. Localizado adjacente ao porto de Itaqui, e próximo à cidade de São Luís e em frente da Baía de São Marcos, no Maranhão. Ele se destina principalmente à exportação de minério de ferro trazido do projeto Serra dos Carajás, no Pará. O acesso ao terminal é feito por ferrovia, através da Estrada de Ferro Carajás e por rodovia, pela Avenida dos Portugueses e Vila Maranhão.

As comunicações internas e externas eram feitas de forma escrita, utilizando-se para escrevê-las as máquinas de escrever. O desenvolvimento da máquina de escrever e da datilografia tem uma história rica e fascinante que se estende por mais de um século. Os modelos iniciais que eram totalmente mecânicos, evoluíram para modelos elétricos e posteriormente para as eletrônicas e portáteis, introduzindo mecanismos que facilitaram sua utilização como o mecanismo de bola giratória em vez de barras de tipos e a incorporação de memória, facilitando correções e edição de texto. As máquinas de escrever tornaram-se ferramentas essenciais para escritórios e correspondência comercial.

Com o uso de máquinas de escrever, a datilografia se tornou uma habilidade indispensável para secretários, escritores e profissionais de escritório. Concursos de datilografia e certificados de velocidade eram frequentes. A adaptação dos teclados de computador manteve muitos dos princípios da datilografia tradicional.

A máquina de escrever e a datilografia desempenharam papéis cruciais na comunicação escrita do século XIX e início do século XX, e suas influências continuam a ser sentidas na era digital moderna.

Para as comunicações externas, nacionais e internacionais, era utilizado também o telex, um sistema de telecomunicações que transmitia mensagens de texto entre terminais utilizando linhas telefônicas dedicadas, o que permitia a transmissão rápida de mensagens textuais entre máquinas telex em diferentes locais.

O telex foi um sistema de telecomunicações bastante utilizado entre as décadas de 20 a 80 do século XX, principalmente para comunicação comercial e governamental. A utilização do telex alcançou seu auge nas décadas de 1970 e 1980, antes da popularização da Internet e do e-mail.

Ainda em 1983, o Brasileiro conheceu um microcomputador que a empresa onde trabalhava estava iniciando sua utilização. Nessa época, havia, entre os usuários, dúvidas sobre como utilizá-lo e sua contribuição efetiva para as tarefas do dia a dia.

Alguns marcos importantes que contribuíram para o desenvolvimento dos micros computares no Brasil foram:

1. No final dos anos 1970 algumas universidades e centros de pesquisa começaram a importar microcomputadores para estudos e desenvolvimento. Esses computadores eram geralmente importados dos Estados Unidos.

2. A indústria de microcomputadores no Brasil começou a se desenvolver em 1980, com as primeiras empresas brasileiras começando a produzir microcomputadores.

3. Em 1981 o governo brasileiro, por meio da Secretaria Especial de Informática (SEI), lançou a Política Nacional de Informática (PNI). Essa política visava fomentar o desenvolvimento da indústria nacional de informática e restringia a importação de produtos estrangeiros.

Esses eventos marcaram o início da era dos microcomputadores no Brasil, que desempenharam um papel crucial no desenvolvimento da informática no país.

Em 1984, a esposa do Brasileiro ficou grávida e, para surpresa do casal, de gêmeos. Foi um período de gravidez sem novidades até o oitavo mês, quando o obstetra descobriu que um dos fetos havia morrido. O médico, para evitar que a reação da mãe com a notícia afetasse eventualmente a continuidade da gravidez, comunicou a perda de um dos fetos, apenas para o Brasileiro. Os dias decorridos entre a comunicação da perda de um dos fetos e a antevéspera do parto, quando a esposa foi comunicada, foram terríveis para o Brasileiro que, além da tristeza pela perda, ainda teve que manter a informação só para si, sem poder dividi-la com a esposa ou outra pessoa próxima.

Em novembro de 1984, nasceu a segunda filha do Brasileiro.

Em 1983 e 1984, o movimento "Diretas Já" mobilizou milhões de brasileiros em favor da realização de eleições diretas para presidente. Embora a Emenda Dante de Oliveira, que previa eleições diretas em 1985, não tenha sido aprovada, a pressão popular foi decisiva para o fim do regime militar.

A eleição indireta para presidente em 1985 marcou o fim da ditadura militar no Brasil e o retorno à democracia. Foram eleitos Tancredo Neves, do PMDB, que era a principal força de oposição ao regime militar e desempenhou um papel crucial no processo de redemocratização do país, para Presidente e José Sarney, do Partido da Frente Liberal (PFL), para Vice-Presidente.

Tancredo Neves morreu antes de tomar posse e seu vice-presidente, José Sarney, assumiu o cargo.

O governo de José Sarney (1985-1990) enfrentou diversos desafios econômicos, incluindo uma alta inflação, estagnação econômica e uma dívida externa significativa. Para lidar com esses problemas, foram implementados vários planos econômicos e ajustes, com resultados variados.

Os principais aspectos e medidas adotadas nos planos econômicos implantados durante o governo Sarney estão relacionados a seguir:

- Plano Cruzado (1986) - Objetivo: Combater a hiperinflação.

- Medidas: Congelamento de preços e salários. Introdução de uma nova moeda, o Cruzado (Cz$), substituindo o Cruzeiro. Criação de mecanismos de controle de preços para evitar abusos.

- Resultados: Inicialmente, o plano teve grande apoio popular e conseguiu reduzir a inflação drasticamente. No entanto, o controle de preços levou a desabastecimento e distorções econômicas. A inflação voltou a subir e o plano foi considerado um fracasso a longo prazo.

- Plano Cruzado II (1986) - Objetivo: Corrigir falhas do Plano Cruzado.

- Medidas: Reajustes pontuais de preços congelados. Tentativa de flexibilizar o congelamento de preços.

- Resultados: Não conseguiu controlar a inflação de forma eficaz. A inflação voltou a subir rapidamente.

- Plano Bresser (1987) - Objetivo: Combater a inflação e restaurar a credibilidade econômica.

- Medidas: Novo congelamento de preços e salários. Corte de gastos públicos. Desvalorização cambial.

- Resultados: Inicialmente, conseguiu reduzir a inflação, mas os efeitos foram temporários. A inflação retornou a níveis elevados em pouco tempo.

- Plano Verão (1989) - Objetivo: Mais uma tentativa de combater a inflação.

- Medidas: Introdução de uma nova moeda, o Cruzado Novo (NCz$), que substituiu o Cruzado. Novo congelamento de preços e salários. Medidas de ajuste fiscal e monetário.

- Resultados: Inicialmente, houve uma redução na inflação. No entanto, a inflação voltou a aumentar rapidamente. O plano também falhou a longo prazo.

Outras Medidas e Contexto Econômico

- Dívida Externa: O governo Sarney teve que lidar com uma dívida externa significativa. Em 1987, o Brasil declarou moratória parcial da dívida externa, o que teve repercussões negativas nas relações econômicas internacionais.

- Inflação: A hiperinflação foi um problema constante, com taxas anuais que chegaram a ultrapassar os 1000%.

- Reformas Econômicas: Houve várias tentativas de reforma econômica, mas a falta de consenso político e a resistência de diversos setores dificultaram a implementação eficaz dessas reformas.

- Crescimento Econômico: O crescimento econômico foi limitado durante a maior parte do governo Sarney, com períodos de estagnação.

Em resumo, o governo Sarney enfrentou grandes dificuldades econômicas e, apesar de várias tentativas de estabilização mediante diferentes planos econômicos, a inflação e a instabilidade econômica continuaram sendo problemas significativos ao longo de seu mandato.

O processo de redemocratização do Brasil continuou gradualmente, culminando com a promulgação de uma nova Constituição em 1988 e a realização de eleições presidenciais diretas em 1989.

CAPÍTULO 13

"DESAFIOS E ESPERANÇAS: UMA FAMÍLIA BRASILEIRA EM MEIO À CRISE E REDEMOCRATIZAÇÃO"

Em fevereiro de 1987, após uma gestação tranquila, nasceu a terceira filha do Brasileiro. Apesar da crise econômica e seus desdobramentos e, na época, o agitado movimento pela redemocratização do país, o Brasileiro nutria forte esperança no futuro promissor de sua família, agora constituída pela esposa e três filhas lindas.

Também em 1987, o brasileiro começou a trabalhar em uma nova companhia, a Telemulti Ltda., que surgiu da fusão das empresas Multitel, antiga GTE do Brasil, e Siteltra, antiga Telefunken Telecom. A nova companhia, devido às tecnologias que foram associadas, passou a ter uma linha de produtos que atendia a praticamente todas as necessidades de uma rede de comunicações.

No mesmo ano, o proprietário da casa onde o Brasileiro morava informou que colocaria o imóvel à venda. Ao receber a notícia, o Brasileiro ficou preocupado, pois não tinha capital disponível para comprá-la. Tentou conseguir parte do dinheiro necessário com parentes, mas não obteve sucesso. Além disso, os bancos, devido à situação econômica do país, impunham várias restrições para a liberação de empréstimos.

Mais uma vez, a sorte e a providência divina ajudaram o Brasileiro. Ao comentar a situação da venda da casa onde morava com o diretor financeiro da Telemulti, que também era de sua cidade natal embora não tivessem se conhecido lá, o diretor contatou um banco com o qual a empresa mantinha um bom relacionamento e conseguiu abrir as portas para o financiamento imobiliário de que o Brasileiro precisava. Para obter o dinheiro necessário para a entrada da compra da casa, o Brasileiro e sua esposa precisaram de muita coragem e desapego. Venderam o carro, a linha telefônica e organizaram uma rifa cujo prêmio foi um terreno em Ilha Bela que haviam comprado algum tempo antes.

Hoje a expressão "vender a linha telefônica" pode parecer estranha, mas na década de 80 era comum, pois havia uma grande demanda reprimida por linhas telefônicas residenciais e comerciais. Devido à escassez de infraestrutura o custo de instalação de uma linha telefônica era alto e, muitas vezes, acessível apenas para uma parcela da população. Além disso, a burocracia para se conseguir uma linha telefônica era complexa e lenta. Assim, a venda de linhas telefônicas era uma prática comum, especialmente em áreas urbanas.

Durante anos, a população brasileira enfrentou desafios significativos para obter serviços de telefonia, refletindo as dificuldades econômicas e estruturais do país. A situação começou a melhorar no final da década de 1990, com a privatização do setor e a entrada de investimentos privados.

O Brasileiro iniciou o ano de 1988 a pé, literalmente, mas durante o ano ele comprou um carro e uma linha telefônica, repondo em parte os bens utilizados para a compra da sua casa.

Enquanto nascia sua terceira filha e sua família do conseguia uma casa própria, fatos importantes para a vida brasileira continuavam em desenvolvimento.

Durante o governo de Sarney (1985-1990), foram iniciadas várias reformas políticas e econômicas que prepararam o terreno para a convocação de uma Assembleia Constituinte.

Uma das principais promessas de Sarney era convocar uma Assembleia Nacional Constituinte para elaborar uma nova Constituição, que substituiria a Carta de 1967, emendada em 1969, ainda sob o comando do regime militar.

Em 27 de novembro de 1985, o Congresso Nacional aprovou a Emenda Constitucional n.º 26, que convocou formalmente a Assembleia Nacional Constituinte para iniciar seus trabalhos em 1º de fevereiro de 1987.

A Assembleia Constituinte foi composta por 559 parlamentares (487 deputados e 72 senadores), eleitos em 15 de novembro de 1986. Esses parlamentares tinham a responsabilidade de elaborar a nova Constituição.

A Constituinte contou com a participação de representantes de diversos setores da sociedade, incluindo partidos políticos, movimentos sociais, sindicatos, empresários e grupos de minorias, refletindo a diversidade da sociedade brasileira.

A Assembleia Constituinte foi organizada em várias comissões temáticas, cada uma responsável por discutir e redigir partes específicas do texto constitucional. Essas comissões promoveram audiências públicas e receberam sugestões da sociedade civil.

O processo de elaboração da Constituição foi marcado por intensos debates, tanto no plenário da Constituinte quanto na sociedade, sobre temas como direitos sociais, organização do Estado e sistema eleitoral, entre outros.

A Constituição estabeleceu um modelo federativo, definindo as competências da União, dos Estados, do Distrito Federal e dos Municípios e também foram introduzidos mecanismos de democracia participativa como plebiscitos, referendos e a possibilidade de iniciativa popular de leis.

A Constituição de 1988 é conhecida por sua ênfase nos direitos e garantias fundamentais, assegurando uma ampla gama de direitos civis, políticos, sociais, econômicos e culturais.

Um fato que merece destaque é que, apesar da diversidade de posições dos participantes, tínhamos homens que colocavam o Brasil acima de suas ideias e posições políticas e, apesar das divergências, a violência e o desrespeito não foram utilizados para que uma posição prevalecesse sobre outras. O consenso prevaleceu.

A nova Constituição foi promulgada em 5 de outubro de 1988, em uma sessão solene no Congresso Nacional, em Brasília. A promulgação foi um momento de grande celebração, simbolizando o retorno definitivo da democracia e do Estado de Direito no Brasil.

Em 1989, o clima geral no Brasil era de expectativa com a realização da primeira eleição presidencial direta desde 1960. O Brasil vivia um momento de intensa transformação e esperança. Após mais de duas décadas de regime militar, o país experimentava finalmente o sabor da democracia plena. A nação ansiava por mudanças, desejando que o novo presidente eleito trouxesse um período de crescimento econômico e justiça social, impulsionando o Brasil em direção a um futuro mais próspero e igualitário.

A esperança do povo brasileiro em 1989 não era apenas um desejo abstrato, mas um motor que impulsionava a sociedade na busca por um país mais justo e desenvolvido. A crença de que, juntos, governo e povo poderiam superar os obstáculos e construir um futuro melhor, foi a força motriz que marcou aquele período de nossa história. Essa esperança renovada serviu como base para os anos seguintes, influenciando profundamente o caminho do Brasil rumo à consolidação democrática e ao desenvolvimento econômico e social.

A campanha eleitoral foi marcada por debates fervorosos e pela apresentação de diversas propostas que prometiam transformar o Brasil. Os candidatos apresentavam visões distintas para o futuro, mas o objetivo comum era claro: resgatar a confiança do povo nas instituições democráticas e promover o desenvolvimento do país. A participação massiva nas urnas refletiu o desejo coletivo por mudança e renovação.

O Brasileiro também escolheu seu candidato e confiando nos princípios defendidos pelo partido filiou-se a ele e participou ativamente da campanha presidencial.

O grande envolvimento da nação brasileira com as eleições presidenciais, pode ser constatado pelos vários partidos e candidatos, com diferentes propostas, que participaram do pleito.

Participaram das eleições os seguintes candidatos:

- Fernando Collor de Mello do Partido da Reconstrução Nacional (PRN) com campanha focada no combate à corrupção e modernização econômica e propostas neoliberais e apoio da grande mídia.

- Luiz Inácio Lula da Silva do Partido dos Trabalhadores (PT) com campanha centrada em políticas sociais e defesa dos trabalhadores, com forte apoio dos movimentos sindicais e de esquerda.

- Leonel Brizola do Partido Democrático Trabalhista (PDT) com histórico de luta pela redemocratização e defesa dos direitos dos trabalhadores e propostas nacionalistas e desenvolvimentistas.

- Mário Covas do Partido da Social Democracia Brasileira (PSDB) com campanha moderada com ênfase em políticas econômicas e sociais equilibradas.

- Guilherme Afif Domingos do Partido Liberal (PL) com propostas de liberalização econômica e redução do papel do Estado.

- Paulo Maluf do Partido Democrático Social (PDS) que defendia políticas de desenvolvimento econômico com forte intervenção estatal.

- Ulysses Guimarães do Partido do Movimento Democrático Brasileiro (PMDB) como um dos principais articuladores da redemocratização e da Constituição de 1988.

- Aureliano Chaves do Partido da Frente Liberal (PFL)

- Roberto Freire do Partido Comunista Brasileiro (PCB)

- Ronaldo Caiado Partido da Social Democracia (PSD)

Fernando Collor de Mello, eleito presidente e Itamar Franco, seu vice-presidente, assumiram seus cargos em 15 de março de 1990. Esta eleição foi emblemática não apenas por seu caráter histórico, mas também pela polarização política e pelas novas estratégias de marketing e mídia utilizadas durante a campanha.

A eleição de Fernando Collor de Mello como presidente simbolizou para muitos brasileiros a oportunidade de romper com práticas arcaicas e inaugurar uma era de modernização e progresso. Suas promessas de combate à corrupção, de abertura econômica e de reformas estruturais ressoaram com uma população cansada das dificuldades e ansiosa por dias melhores.

O povo brasileiro acreditava que o novo presidente, escolhido pela vontade popular, seria capaz de superar os desafios herdados do passado, como a inflação galopante, a desigualdade social e a estagnação econômica. Havia uma forte expectativa de que o líder eleito, com o apoio do Congresso, implementasse políticas capazes de retomar o crescimento econômico e melhorar as condições de vida da população.

A colaboração entre o Executivo e o Legislativo era essencial para garantir a estabilidade política e a continuidade das políticas públicas que visavam reconstruir a economia e promover a justiça social. O Brasil, então, se preparava para um novo capítulo em sua história, repleto de desafios, mas também carregado de esperança.

Collor assumiu a Presidência da República com um Brasil que enfrentava uma hiperinflação descontrolada, uma economia estagnada e uma crescente insatisfação popular.

No início de seu governo, Collor anunciou um pacote de medidas econômicas conhecido como Plano Collor, visando controlar a hiperinflação.

O plano incluia a desindexação da economia, liberalização do comércio exterior, privatizações de empresas estatais e redução do déficit público.

Uma das medidas mais drásticas do plano, foi o bloqueio de depósitos bancários, onde contas correntes e poupanças acima de 50 mil cruzeiros foram congeladas por 18 meses. Essa medida causou grande comoção e frustração entre a população.

O governo Collor promoveu uma abertura econômica, reduzindo barreiras tarifárias e incentivando a competição com produtos importados. Essa política visava modernizar a indústria nacional e reduzir os preços, mas também gerou desemprego e dificuldades para setores menos competitivos.

Em 1992, o irmão de Collor, Pedro Collor, fez graves acusações contra ele, apontando para esquemas de corrupção e desvios de dinheiro público. Essas denúncias levaram à abertura de uma Comissão Parlamentar de Inquérito (CPI) e à descoberta de evidências substanciais de corrupção no governo.

A insatisfação popular cresceu, e muitas manifestações pedindo o impeachment de Collor tomaram as ruas do país. O movimento, liderado por estudantes, sindicatos e outros setores da sociedade civil, ficou conhecido como movimento dos "Caras-Pintadas".

Em 29 de setembro de 1992, a Câmara dos Deputados aprovou o processo de impeachment contra Fernando Collor. Com a iminência de sua condenação pelo Senado, Collor renunciou ao cargo em 29 de dezembro de 1992. Contudo, o Senado prosseguiu com o julgamento e, em 30 de dezembro de 1992, Collor foi oficialmente afastado e ficou inelegível por oito anos.

O governo de Fernando Collor deixou um legado contraditório. Enquanto suas medidas de abertura econômica e modernização foram consideradas fundamentais para a integração do Brasil na economia global, a implementação brusca e polêmica de algumas dessas ações, aliadas aos escândalos de corrupção, mancharam sua administração.

Depois das eleições, o Brasileiro, confiando nos princípios defendidos pelo partido ao qual se filiou, em seus próprios ideais políticos e principalmente na coerência entre eles, seguiu engajado na política assumindo o diretório do partido na sua cidade natal, onde lançou candidatos a vereador e elegeu dois representantes.

No entanto, à medida que o tempo passava, os líderes, políticos e membros do partido foram se transformando ou sendo substituídos, levando o Brasileiro a perceber, com desapontamento, que os interesses pessoais prevaleciam sobre os ideais partidários. Apesar disso, o Brasileiro seguiu e segue defendendo os princípios democráticos, porém sem se envolver ativamente em nenhuma agremiação política.

CAPÍTULO 14

"TRANSFORMAÇÕES E DESAFIOS: VIDA COTIDIANA E TRANSFORMAÇÕES TECNOLÓGICAS E ECONÔMICAS NOS ANOS 90"

Apesar dos acontecimentos políticos, econômicos e sociais, a vida do Brasileiro, dentro do possível, seguia normalmente, trabalho, viagens, casa, passeios com as crianças e esposa, ou seja, nenhum acontecimento fora da rotina de uma família composta pelo casal e três filhas com nove, seis e três anos, que merecesse destaque.

Em janeiro de 1991, a família do Brasileiro estava em sua cidade natal, onde haviam passado as festas de final de ano. Não retornaram para São Paulo, pois o Brasileiro ia sair de férias e voltaria para lá, onde ficariam por algum tempo e viajariam para uma praia ou outro lugar.

Na manhã de sábado, véspera do início de suas férias, o Brasileiro partiu cedo para sua cidade natal. O final de semana foi repleto de momentos agradáveis, cercado por familiares e amigos, muita alegria, conversas animadas, boa comida e bebida. No entanto, na madrugada de segunda-feira, o Brasileiro acordou com um desconforto no peito, como se fossem gases presos. Ele levantou-se da cama, fez alguns exercícios na tentativa de aliviar a sensação, tomou café, fumou e foi até a farmácia para comprar um remédio para eliminar gases. Voltou para a casa dos sogros, mas o desconforto persistia. Sua sogra, ao vê-lo pálido, alarmou-se e chamou sua esposa, sugerindo que procurassem um médico. Eles concordaram.

O médico que o atendeu não pôde fazer um diagnóstico preciso, pois a pressão arterial estava normal e o eletrocardiograma não mostrava nenhuma anormalidade. Por precaução, recomendou que o Brasileiro ficasse internado para observação. A sensação de desconforto, agora acompanhada de uma leve dor no peito, continuava.

Depois de algum tempo, a esposa do Brasileiro decidiu levá-lo para outra cidade, onde havia um hospital maior, em busca de uma segunda opinião. Vinte horas após o início dos sintomas, eles desapareceram, e um novo eletrocardiograma indicou que ele havia sofrido um enfarte. No dia seguinte, após mais exames, recebeu alta e o casal voltou para sua cidade natal.

O diagnóstico de enfarte foi um choque. Embora se sentisse bem, como se nada tivesse acontecido, o Brasileiro e sua esposa decidiram adiar a viagem de férias e marcar uma consulta com um renomado cardiologista em São Paulo. A consulta e os exames adicionais resultaram na recomendação de uma cirurgia para implantação de ponte de safena. O médico aconselhou esperar algum tempo antes da cirurgia devido ao enfarte recente e sugeriu que o Brasileiro refletisse antes de tomar uma decisão.

O mundo do Brasileiro tornou-se cinza. Conhecia a posição e as considerações do médico, mas não tinha a segurança de que gostaria, pois lhe faltavam dados e conhecimentos a respeito da sua situação. Voltou para casa, chorou, sentiu-se desamparado, foram dias terríveis. Após muita reflexão, decidiu por fazer a cirurgia e ele nunca se arrependeu por tal decisão.

A cirurgia foi um sucesso e o Brasileiro permaneceu em sua cidade natal durante os noventa dias prescritos para sua recuperação. Período que passou fazendo exercícios aeróbicos leves, tendo uma rotina regular, aproveitando para descansar e adaptando-se a algumas mudanças de hábito, como deixar de fumar.

Após a liberação do médico, o Brasileiro voltou para São Paulo em junho de 1991, retomando sua rotina com algumas mudanças, como caminhadas diárias. Ele voltou ao trabalho, um pouco apreensivo de como seria recebido e se o tratariam de forma diferente, mas foi muito bem recebido e tratado, como sempre foi.

As filhas e a esposa do Brasileiro ficaram com ele na sua cidade natal durante a sua recuperação e como as suas filhas estavam frequentando as escolas na cidade natal do Brasileiro, lá ficaram até o final de 1991. Elas retornaram para São Paulo no início de 1992.

Enquanto a vida pessoal do Brasileiro ia retornando à normalidade, o Brasil vivia uma anormalidade, o impeachment de um presidente.

Com o impeachment de Collor, seu vice-presidente, Itamar Franco, assumiu a presidência em 29 de dezembro de 1992, ano em que a inflação atingiu 1109%.

Durante os primeiros meses de seu governo, Itamar Franco patinou na questão econômica. Ele nomeou três pessoas para o Ministério da Fazenda e nenhum dos indicados conseguiu resolver os problemas da economia brasileira. Essas nomeações aconteceram entre outubro de 1992 e maio de 1993.

Entretanto, o governo de Itamar Franco ficou marcado por realizar um dos grandes feitos da história recente do país: a estabilização da economia e o controle da inflação.

Em maio de 1993, Fernando Henrique Cardoso, sociólogo brasileiro que entrou na vida política na década de 1980, foi convidado para assumir a pasta da Fazenda. Antes desse ministério, Fernando Henrique Cardoso estava ocupando o Ministério das Relações Exteriores.

Foi o trabalho de FHC e sua equipe de economistas à frente do Plano Real que resolveu os problemas econômicos de nosso país e estabilizou a inflação. Apesar da desconfiança de que os efeitos do plano poderiam prejudicar os trabalhadores mais pobres e, por isso, alguns partidos não deram seu apoio a ele.

As três etapas do plano incluíam a estabilização das contas públicas, com redução de gastos e aumento da arrecadação; o lançamento de uma moeda virtual para preparar a transição do cruzeiro real para o real e, por fim, o lançamento da nova moeda, o real.

De imediato, o Plano Real mostrou ser de sucesso, pois fez com que a inflação no Brasil caísse consideravelmente. Em 1993, a inflação anual no Brasil era de 2477%; em 1994, 916%; em 1995, 22%.

Algumas críticas foram realizadas na época à quantidade de privatizações na gestão de Itamar Franco, além de o Plano Real ter aumentado o desemprego e mantido o poder de compra do trabalhador nivelado por baixo. Ainda assim, o fim da inflação alta acabou gabaritando Fernando Henrique Cardoso como candidato à presidência do Brasil.

O presidente Itamar Franco apoiou a candidatura de FHC, lançado pelo PSDB, e o então ministro da Fazenda foi eleito presidente no primeiro turno com 54% dos votos.

Um fato curioso sobre um ambiente com inflação alta é que realmente perde-se a noção de valor do dinheiro. Quando o salário era recebido, ele era aplicado imediatamente, visando diminuir a perda de poder aquisitivo devido à inflação. Assim, a maior parte dos pagamentos das contas do dia a dia eram feitos por débito automático ou programados, com antecedência, para pagamento na data de vencimento, utilizando-se parte de um recurso que era corrigido diariamente. Com esse sistema, somente após a queda da inflação e a implantação do Real, o Brasileiro soube qual era o valor que pagava mensalmente pela utilização da energia elétrica e do telefone.

A noção da relação entre a moeda e o valor dos bens foi importante para o sucesso do plano; em termos práticos, os cidadãos brasileiros tinham clareza do que o dinheiro podia comprar.

Enquanto isso, o setor de telecomunicações progredia, seguindo as tendências internacionais. Os serviços de comunicação que ganharam popularidade nos anos 1990 são a telefonia celular e as conexões à internet.

A telefonia móvel celular no Brasil começou a ser explorada na década de 1970, mas a tecnologia era rudimentar e as redes eram experimentais. Somente no final dos anos 1980, começaram a surgir os primeiros sistemas analógicos de telefonia móvel, conhecidos como AMPS (Advanced Mobile Phone System). Em 1989, a Telerj, no Rio de Janeiro, e a Telebrasília, em Brasília, foram as primeiras empresas a oferecer serviços de telefonia celular no país.

A partir de 1990 a telefonia celular começou a se expandir mais rapidamente. Em 1990, o serviço foi inaugurado em São Paulo pela Telesp.

Em 1998, o governo brasileiro privatizou o sistema Telebras, dividindo-o em várias empresas regionais. Isso abriu o mercado para a concorrência e ajudou a impulsionar o crescimento do setor.

Nessa época também, final dos anos 1990, o Brasil começou a transição da tecnologia analógica para a digital, com a implementação de sistemas GSM (Global System for Mobile Communications).

Na primeira década de 2000 houve um crescimento explosivo na base de assinantes de telefonia móvel. O celular tornou-se acessível para um número maior de brasileiros.

No final de 2007, as operadoras começaram a lançar serviços de terceira geração (3G), que permitiram maior velocidade de dados e melhor conectividade.

A partir de 2012, as operadoras começaram a implementar redes de quarta geração (4G LTE), oferecendo velocidades de dados significativamente mais rápidas e melhorando a experiência do usuário.

A popularização dos smartphones e a explosão de aplicativos móveis transformaram como os brasileiros usam seus telefones, com a internet móvel se tornando central para a comunicação, entretenimento e negócios.

A internet, apesar de ter começado na década de 1980, foi na década de 1990, com o surgimento dos primeiros provedores de acesso e também dos serviços que permitiam a troca de mensagens e arquivos, que ela se tornou mais acessível ao público.

A Rede Nacional de Pesquisa (RNP) foi criada em 1988, pelo Ministério da Ciência e Tecnologia, visando interligar as universidades e institutos de pesquisa brasileiros. A RNP estabeleceu a primeira conexão à internet no Brasil, interligando a FAPESP (Fundação de Amparo à Pesquisa do Estado de São Paulo) com a Universidade de Maryland, nos EUA, em 1991.

Em 1994 tivemos o lançamento do primeiro provedor de acesso comercial à internet no Brasil e a partir de 1996 a internet passa a ser oferecida comercialmente a um público mais amplo, com o surgimento de diversos provedores.

No final dos anos 1990 e início dos 2000 a popularização da internet se acelera, com o aumento do número de usuários e a melhoria da infraestrutura de telecomunicações e o surgimento do serviço de banda larga no Brasil, com a introdução do serviço ADSL pela Telefônica (atual Vivo).

Os primeiros provedores desempenharam um papel crucial na democratização do acesso à internet no Brasil, facilitando a transição de um serviço exclusivo para pesquisadores e instituições para uma ferramenta acessível ao público.

Houve esforços contínuos para promover a inclusão digital, com programas governamentais e privados visando aumentar o acesso à internet fixa e móvel em áreas rurais e menos favorecidas.

A retomada do regime democrático, a redução da inflação e a estabilização da moeda davam ao Brasileiro a esperança de que em breve o Brasil atingiria o mesmo patamar de outros países do mundo economicamente estáveis.

CAPÍTULO 15

"A TRAJETÓRIA POLÍTICA E ECONÔMICA DO BRASIL DE FHC A BOLSONARO: REFORMAS, CRISES E MUDANÇAS"

Fernando Henrique Cardoso (FHC) foi presidente do Brasil por dois mandatos consecutivos, de 1995 a 2002. Durante seus dois mandatos, ele implementou várias reformas econômicas e políticas que tiveram impacto significativo no país.

Primeiro Mandato (1995-1998)

- Economia - Continuou e consolidou o Plano Real, iniciado em 1994, quando era Ministro da Fazenda. O plano conseguiu estabilizar a economia, reduzir a hiperinflação e estabilizar a moeda, o real. Implementou políticas monetárias rigorosas e manteve uma política fiscal austera para controlar a inflação.

- Reformas Econômicas e Privatizações - Promoveu reformas constitucionais que permitiram maior participação do capital estrangeiro na economia brasileira e flexibilizaram o mercado de trabalho. Iniciou um amplo programa de privatizações de empresas estatais, incluindo a Companhia Vale do Rio Doce e a Telebras, entre outras empresas do setor de telecomunicações e energia. A ideia era modernizar a economia e reduzir a intervenção estatal.

- Política Externa - Fortaleceu as relações do Brasil com o Mercosul e promoveu a participação do país nas negociações para a Área de Livre Comércio das Américas (ALCA).

Segundo Mandato (1999-2002)

- Crise Econômica e Ajustes - Em 1999, o governo teve que lidar com uma crise cambial, o que levou à desvalorização do real. A crise foi agravada por uma série de crises internacionais, como a crise asiática e a crise russa. Após a crise cambial, foi adotado um regime de metas de inflação, um câmbio flutuante e uma política fiscal responsável (o chamado "tripé macroeconômico").

- Continuação das Privatizações e Reformas - Continuou com as privatizações e implementou reformas administrativas para tornar o governo mais eficiente. Tentou reformar o sistema previdenciário, mas enfrentou resistência significativa. Algumas mudanças foram implementadas, mas de forma limitada.

- Política Social - Implementou programas sociais, como o Bolsa Escola e o Bolsa Alimentação, que seriam a base para o futuro Bolsa Família.

- Política Externa - Continuou a fortalecer as relações internacionais do Brasil, buscando maior inserção do país no cenário global.

O governo de Fernando Henrique Cardoso foi crucial para a estabilização da economia brasileira e a modernização do Estado. Suas políticas econômicas ajudaram a criar um ambiente mais estável e propício para o crescimento, embora seus mandatos também tenham enfrentado desafios significativos, incluindo crises econômicas e sociais. Durante seus governos tivemos avanços importantes na área econômica, apesar de receberem críticas quanto à gestão social e às políticas de privatização.

O início de 1997 foi de novas mudanças na vida do Brasileiro. A Bosch comprou a Telemulti que fazia uso da tecnologia da Telefunken e da General Telephone & Electronics Corporation - GTE, pois a Bosch passou a ser a detentora da tecnologia, por comprar a Telefunken Telecom na Alemanha.

As incertezas sobre as alterações que viriam, decorrentes dessa compra, principalmente na área de pessoal, tiraram o sossego do Brasileiro. Entretanto, o resultado foi melhor do que o esperado. O portifólio de produtos e serviços não foi alterado e as alterações de pessoal foram feitas em sua maior parte na alta administração, afetando muito pouco o restante dos empregados.

Portanto, a nova empresa, Bosch Telecom, produtora e fornecedora de equipamentos e serviços de telecomunicações tinha tecnologias oriundas de outras duas grandes empresas, da americana General Telephone & Electronics Corporation - GTE e da alemã Telefunkem Telecom e foi instalada em uma área onde já funcionava uma unidade da empresa compradora, a Bosch Automotiva.

A Marconi Communications empresa de origem inglesa e italiana, expandiu bastante suas atividades, adquirindo outras empresas europeias de produtos de telecomunicações e entre essas empresas estava a Bosch Telecom na Alemanha, detentora da tecnologia da Telefunken Telecom. No Brasil, essa tecnologia era utilizada pela Bosch Telecom Ltda.

No ano 2000, a Marconi Communications comprou a Bosch Telecom Ltda e fundou a Marconi Communications Telemulti Ltda. A produção foi mantida no prédio da Bosch e as demais áreas da empresa forma transferidos para um prédio de escritórios localizado no bairro do Itaim em São Paulo.

A Marconi Communications já produzia alguns produtos no Brasil utilizando uma indústria associada, a qual vamos chamar de Empresa A para preservar o nome original.

Em 2001, a Marconi decidiu por unificar a sua produção no Brasil, com a transferência das produções da Empresa A e da Bosch para um local no bairro de Alphaville, em Barueri.

Para definir e programar as providências necessárias para a fusão das produções e transferência do pessoal de produção e parte do pessoal administrativo da Empresa A para a Marconi, foi marcada uma reunião entre as empresas.

Nessa reunião, participariam pela Marconi Telemulti, o presidente da empresa, o gerente de produção, o gerente de RH, o Brasileiro e um funcionário da área financeira e pela Empresa A, o presidente e empregados que ocupavam cargos similares àqueles dos convidados.

A sala era espaçosa, com uma mesa grande o suficiente para acomodar todos os participantes, e equipada com telefone, aparelho de viva voz e uma televisão. Logo após as apresentações, quando estavam prestes a iniciar a reunião, foram interrompidos pela entrada de uma funcionária com um ar apreensivo, que falou algo ao presidente da Empresa A. Ele informou que os Estados Unidos estavam sob ataque e ligou a televisão da sala. Todos os presentes puderam ver as imagens do ataque às Torres Gêmeas em Nova Iorque. A reunião, marcada para a manhã de 11 de setembro de 2001, foi adiada para uma data ainda a ser acertada entre as partes, por decisão do presidente da Empresa A e do presidente da Marconi Telemulti, devido à falta de informações sobre o que estava acontecendo e sua extensão.

Foi um susto para todos. Durante a viagem de retorno para São Paulo, o Brasileiro, assim como outros colegas, recebeu ligações de sua esposa ou de outras pessoas falando sobre o ataque terrorista.

Em 2002, foram realizadas eleições para presidente, para definir o sucessor de Fernando Henrique Cardoso. O candidato eleito foi Luiz Inácio Lula da Silva, do Partido dos Trabalhadores (PT), que, posteriormente, também foi reeleito para um segundo mandato.

Primeiro Mandato (2003-2006)

- Economia - Implementou políticas econômicas que estabilizaram a economia brasileira, com crescimento do PIB e controle da inflação. A política econômica de seu governo combinava responsabilidade fiscal, controle da inflação e medidas para fomentar o crescimento.

- Programas Sociais - Lançou programas sociais de grande impacto, como o Bolsa Família, que teve um papel significativo na redução da pobreza e desigualdade.

- Relações Internacionais - Ampliou as relações do Brasil com outros países em desenvolvimento e fortaleceu a participação do Brasil em organismos internacionais.

Segundo Mandato (2007-2010)

- Políticas Econômicas e Sociais – Deu continuidade a políticas que promoviam o crescimento econômico e a inclusão social. O Brasil viveu um período de crescimento econômico robusto e redução da pobreza. Foram descobertas grandes reservas de petróleo na camada pré-sal, fato visto como uma oportunidade para fortalecer a economia brasileira a longo prazo.

Enfrentou escândalos de corrupção, como o Mensalão, que envolveu a compra de votos de parlamentares para aprovação de projetos do governo.

Lula deixou o cargo em 2010 com altos índices de aprovação e foi sucedido por sua ministra-chefe da Casa Civil, Dilma Rousseff, também do PT.

Devido ao trabalho desenvolvido pelo Brasileiro, ele teve a oportunidade de viajar bastante e conheceu pessoas em vinte e três capitais estaduais, além da capital do país, o que lhe permitiu ter uma boa noção das diferenças e qualidades do povo brasileiro.

Duas das grandes qualidades do povo brasileiro, constatadas pelo Brasileiro em todos os locais que visitou, são a cordialidade e a alegria em receber.

Na história da república brasileira, sempre tivemos a presença de homens com diferentes posições políticas e de pensamento que sempre buscaram o convívio pacifico. Os homens presentes no congresso nacional, nas assembleias estaduais, pensadores, jornalistas, em suma, todos os que participavam de alguma forma das discussões e decisões sobre a condução e direção do país, sempre discutiram civilizadamente até chegarem a uma definição sobre o que fazer. Alguns saíam mais satisfeitos do que outros com a decisão final, mas sempre se respeitando mutuamente e respeitando principalmente a condução e a aplicação da decisão tomada.

No início dos anos 2000, houve um aumento na concorrência entre os produtores de equipamentos de telecomunicações com a criação de novas empresas ou da reformulação daquelas que já disputavam o mercado e a entrada de novas empresas.

Em 2006, mais uma vez, o Brasileiro foi transferido compulsoriamente para outra empresa, pois a Marconi Telemulti foi adquirida por outra empresa de telecomunicações. O Brasileiro permaneceu na nova empresa até julho de 2009, quando foi despedido.

Após várias tentativas frustradas de recolocação no mercado de trabalho, o Brasileiro soube da existência de uma franquia de varejo à venda em uma cidade próxima à sua cidade natal. Decidido a tentar a sorte como empresário, ele comprou o negócio e mudou-se para sua cidade natal, de onde se deslocaria diariamente para a cidade vizinha.

A experiência como empresário foi positiva tanto no aspecto pessoal quanto no profissional, pois ele aprendeu bastante na gerência do negócio. Ele administrava a empresa, cuidando dos empregados, das compras de insumos e das vendas diretas no balcão. No entanto, a situação financeira deixou a desejar. Conseguir um bom equilíbrio entre receitas e despesas era difícil, exigindo criatividade e cuidados constantes. Durante os primeiros três anos, houve muito trabalho e resultados positivos, embora abaixo do esperado.

Em 2014, seu quarto ano como empresário, foi o pior período para o negócio. O Brasileiro acredita que o desempenho ruim em 2014 foi amplamente influenciado pelos eventos atípicos daquele ano. A economia estava em queda, a inflação e a taxa Selic estavam altas, e os protestos iniciados em 2013, com demandas por melhores serviços públicos e contra a corrupção, continuaram. Além disso, o Brasil sediou a Copa do Mundo de futebol e ocorreram as eleições para a presidência, governos estaduais e congresso.

Após analisar o desempenho do negócio durante os quase cinco anos em que esteve à frente, o Brasileiro decidiu vendê-lo. A transferência para o novo proprietário foi realizada em setembro de 2015.

Uma nova experiência para o Brasileiro em 2016 que, durante todo o ano, exerceu um cargo público para o qual foi nomeado em sua cidade. Após essa breve experiência no setor público e um período de inatividade de mais de dois anos, em junho de 2019 até dezembro de 2020, ele trabalhou em uma área totalmente nova para ele, Logística. Foi contratado por uma empresa prestadora de serviços de transportes nacionais e internacionais, incluindo desembaraço alfandegário, que queria oferecer esses serviços para empresas localizadas no interior do estado de São Paulo.

Em paralelo, tivemos a eleição de Dilma Rousseff, a 36ª presidente do Brasil, ocupando o cargo de 2011 a 2016. Seu governo foi marcado por uma série de eventos significativos.

Primeiro Mandato (2011-2014)

- Crescimento Econômico e Programas Sociais - Inicialmente, o Brasil seguiu com um crescimento econômico, mas estagnou devido à desaceleração econômica global e a diminuição do preço das commodities. Continuou com as políticas sociais do governo anterior de Lula, como o Bolsa Família, que ajudaram a reduzir a pobreza.

- Investimentos em Infraestrutura - Lançou o Programa de Aceleração do Crescimento (PAC) e o Programa Minha Casa Minha Vida para melhorar a infraestrutura e habitação.

Protestos de 2013 - Enfrentou grandes protestos populares em 2013, inicialmente motivados pelo aumento das tarifas de transporte, mas que se expandiram para críticas mais amplas sobre corrupção e serviços públicos.

Segundo Mandato (2015-2016)

- Economia - O Brasil entrou em uma recessão econômica profunda, com aumento do desemprego, inflação e déficits fiscais.

- Política - Enfrentou crescente oposição no Congresso e na sociedade, em parte devido às investigações de corrupção na Petrobras, conhecidas como Operação Lava Jato.

Em 2015, Dilma Rousseff foi acusada de violar leis orçamentárias, especificamente de praticar as chamadas "pedaladas fiscais", que envolviam atrasos nos repasses do Tesouro Nacional a bancos públicos para maquiar as contas públicas. Após um processo de impeachment, Dilma foi afastada do cargo em 31 de agosto de 2016.

Com o impeachment de Dilma Rousseff, o vice-presidente Michel Temer assumiu a presidência do Brasil em 31 de agosto de

2016. Seu governo durou até 31 de dezembro de 2018. A situação do país era de intensa polarização política e crise econômica.

Mandato de 2016 a 2018

- Reformas Econômicas – Em 2017 foi promulgada a Reforma Trabalhista que alterou mais de cem pontos da Consolidação das Leis do Trabalho (CLT), flexibilizando várias normas, como a prevalência do negociado sobre o legislado. Instituiu uma emenda constitucional que estabeleceu um teto para os gastos públicos por 20 anos, limitando o crescimento das despesas à inflação do ano anterior. Por falta de apoio no congresso, conseguiu aprovar apenas parcialmente uma reforma da previdência visando a redução do déficit.

- Economia - Embora tenha conseguido algum grau de estabilização econômica, o crescimento do PIB foi modesto e o desemprego permaneceu elevado. A inflação foi controlada, voltando a níveis mais baixos em comparação com os anos anteriores.

- Política Externa – Temer buscou fortalecer as relações com os Estados Unidos e outros países ocidentais, tentando atrair investimentos estrangeiros e promoveu a revitalização do Mercosul, buscando novos acordos comerciais.

- Crise Política e Escândalos - O governo Temer também foi atingido por investigações de corrupção dentro da Operação Lava Jato, quando em maio de 2017, surgiu a delação de Joesley Batista, da JBS, que implicou Temer em um escândalo de corrupção.

O governo de Michel Temer foi marcado por tentativas de reformas estruturais, em um contexto de recuperação econômica lenta e crises políticas contínuas.

Em 2018, as eleições presidenciais resultaram na vitória de Jair Bolsonaro, que assumiu a presidência do Brasil em 1º de janeiro de 2019. Seu governo foi marcado por diversas controvérsias, políticas conservadoras, e uma abordagem distinta em várias áreas.

- Economia – Em 2019 foi aprovada uma reforma da previdência, visando reduzir o déficit previdenciário, que foi uma das principais conquistas de seu governo. Promoveu a agenda de privatizações e desestatizações, embora muitas propostas tenham encontrado resistência no Congresso. Durante a pandemia de COVID-19, implementou o auxílio emergencial para ajudar milhões de brasileiros afetados economicamente.

- Pandemia de COVID-19 - A gestão da pandemia foi controversa, com Bolsonaro minimizando a gravidade do vírus, criticando medidas de isolamento social e promovendo tratamentos sem eficácia comprovada. A vacinação foi inicialmente lenta, mas acelerou ao longo do tempo. Bolsonaro foi criticado por sua hesitação inicial em adquirir vacinas.

- Política Ambiental – O governo brasileiro enfrentou críticas internacionais e domésticas devido ao aumento do desmatamento e das queimadas na Amazônia e no Pantanal. Sua política ambiental foi vista como leniente com infratores ambientais. Adotou uma postura cética em relação à mudança climática, o que levou a tensões com países e organizações preocupadas com questões ambientais.

- Política Externa - Sua abordagem de política externa levou a um certo isolamento, especialmente com a União Europeia e outras nações preocupadas com as políticas ambientais brasileiras. Estabeleceu uma relação próxima com o governo de Donald Trump, buscando estreitar laços econômicos e políticos.

- Política Interna - Teve diversos confrontos com o Congresso, o Supremo Tribunal Federal (STF) e governadores estaduais. Enfrentou críticas por políticas e declarações consideradas discriminatórias contra comunidades LGBTQ+, indígenas e outros grupos minoritários. Seu governo foi marcado por um alto grau de polarização política e social, com forte presença nas redes sociais e ataques frequentes à mídia tradicional.

O governo de Jair Bolsonaro teve um impacto profundo e divisivo no Brasil, com políticas que suscitaram debates intensos sobre economia, meio ambiente, saúde pública e direitos humanos.

Concorreu à reeleição em 2022, em um cenário político altamente polarizado e com desafios econômicos e sociais significativos, e foi derrotado por Luis Inácio Lula da Silva.

Após sua experiência com serviços de logística, o Brasileiro trabalhou como Executivo de Contas em uma empresa atuante no Mercado Livre de Energia Elétrica, como Gestor de Contratos em uma indústria metalúrgica e como Supervisor de Operações em uma empresa prestadora de serviços de montagem. O Brasileiro requereu sua aposentadoria em abril de 2013 e o salário de aposentado foi o que o manteve durante os períodos sem emprego e o mantém hoje. O Brasileiro descobriu que sua confiança, sua certeza de que, por pior que fosse a situação, tudo se resolveria da melhor forma, infelizmente, nada mais era do que imprudência de sua parte, pois, acreditando no futuro, descuidou-se do presente. Para ele, restou a casa onde mora e o salário de aposentado que nem sempre cobre suas despesas.

CAPÍTULO 16

"REFLEXÕES SOBRE A TRANSFORMAÇÃO E OS DESAFIOS DA SOCIEDADE E POLÍTICA BRASILEIRA"

O Brasileiro não é um estudioso de comportamentos nem de transformações sociais, mas, ao longo de sua vida, observou mudanças significativas na sociedade brasileira que impactaram o desenvolvimento da nação.

O Brasil passou de uma democracia para uma ditadura e retornou à democracia sem recorrer a conflitos armados entre civis. Os grupos armados enfrentados pela ditadura eram compostos por extremistas que agiam de maneira semelhante àqueles que combatiam, sem representar o povo brasileiro.

Na época pré e durante a ditadura, havia homens públicos comprometidos com o Brasil e seu povo, que defendiam ideais e valores alinhados com a verdade e o bem-estar dos brasileiros e foram essenciais para a redemocratização. Não citarei nomes para evitar omissões, mas esses indivíduos lutavam constantemente pelo bem-estar do povo dentro da lei e das normas de convivência civilizada. Com o povo brasileiro, esses homens lutaram pacificamente pelo fim da ditadura militar.

Com o passar dos anos, a história recente do país foi relegada a segundo plano, e poucas pessoas hoje reconhecem o valor desses homens na reconstrução da democracia.

O Brasileiro e muitos de seus amigos e colegas discutiam posições políticas de esquerda e de direita, sem demonizar nenhuma delas. Além das informações de livros e filmes, viveram durante e após a Guerra Fria e tinham relatos de pessoas que conheceram de perto esses regimes. Falava-se da direita com Hitler na Alemanha, Mussolini na Itália, Franco na Espanha, e da esquerda com a URSS, Cuba e China, entre outros países de tendências de direita e de esquerda.

Conversavam também sobre a criação de inimigos comuns, uma ferramenta poderosa de manipulação política. Essa prática desvia a atenção dos problemas internos, une grupos heterogêneos em torno de uma causa comum e justifica medidas autoritárias ou impopulares.

Atualmente, muitos desconhecem a nossa história e não compreendem o significado da democracia e das posições de esquerda ou direita. Isso leva o Brasileiro a questionar se houve falhas em nossa educação, pois, além da falta de conhecimento sobre as posições políticas, há também uma falta de entendimento sobre as instituições governamentais e seu funcionamento, e a diferença entre órgãos de Estado e de Governo.

É fundamental que todos saibam que a combinação dos poderes Executivo, Legislativo e Judiciário, com os órgãos e instituições a eles vinculados, é crucial para a manutenção da democracia e do estado de direito no Brasil.

Muitas pessoas, independentemente do nível intelectual, acreditam cegamente em notícias ou boatos disseminados nas redes sociais, sem verificar a veracidade dos fatos. Às vezes, os relatos são tão absurdos que nem precisariam de pesquisa para serem desmentidos, mas, mesmo assim, são propagados, prejudicando reputações e até incitando violência, afetando pessoas e órgãos públicos.

Outro fato, observado pelo Brasileiro, é a falta de homens comprometidos com o Brasil e seu povo em todos os níveis de governo, com destaque especial no ambiente legislativo estadual e federal, que atinge também o municipal.

Para termos chegado a essa situação, as alternativas podem ser o afastamento da política de homens dignos e comprometidos com a população e a política ou os brasileiros não sabem mais escolher quem pode os representar, ou pior, voto por interesse pessoal.

Se olharmos a composição do Congresso hoje, podemos verificar que poucos são os que se importam em apresentar projetos, ou de analisarem os projetos colocados por outros parlamentares de forma independente, colocando os interesses dos eleitores em primeiro lugar. Hoje, existem pessoas eleitas para o congresso que, se analisarmos seu trabalho e comportamento, não mereciam ter sido eleitos. Entretanto, devemos respeitar os eleitores que os colocaram lá. O Congresso funciona sem fiscalização sobre as posições defendidas pelos eleitos, que, às vezes, assumem posturas contrárias às defendidas em campanha e fazem coisas que, se levadas aos eleitores, não seriam aprovadas.

Outra preocupação no Brasil atual é a polarização entre as pessoas. Passou-se a caracterizar uma pessoa com base no que ela acredita, defende ou acusa. Não há interesse em entender as razões por trás das decisões de alguém ou em argumentar apresentando razões diferentes, e menos ainda em buscar um consenso. O pior é que intelectuais capazes de esclarecer ou influenciar as pessoas a tomarem decisões baseadas em fatos e interesses que realmente importam se omitem, receosos de serem acusados de defender um dos lados e de ficarem mal com o outro. Ainda há aqueles que abandonam suas convicções para agradar um dos lados, o que é muito triste.

Enquanto alguns acreditam que a polarização é prejudicial, outros argumentam que ela pode ser uma forma de engajamento político mais profundo. Considerando como está presente em nossa sociedade, o Brasileiro não acredita que possa trazer alguma contribuição positiva.

Outro aspecto utilizado como defesa por aqueles que atacam ou supostamente defendem uma situação, ou pessoa, é a liberdade de expressão. Eles esquecem que a liberdade de expressão é um direito de manifestação do pensamento, permitindo ao indivíduo emitir suas opiniões e ideias sem interferência ou retaliação do governo, mas com um limite: ela deixa de ser liberdade de expressão quando se trata de discursos de ódio que incitam violência ou agressão.

Homens ambiciosos iludiram e enganaram parte do povo, espalhando notícias falsas e acusações descabidas contra pessoas e órgãos do governo, com o intuito de permanecer no poder. É difícil entender essa atitude, pois na mesma época houve uma significativa transferência de responsabilidades do executivo para o legislativo, o que evidenciava falta de disposição ou capacidade do presidente em exercer plenamente suas funções executivas. Alguns viram tal atitude como uma manobra para garantir governabilidade, buscando apoio político e estabilidade e evitando crises institucionais.

Felizmente, temos comandantes e tropas conscientes de seus deveres. Tropas fiéis têm a obrigação de ser leais à constituição, ao governo, à ordem, à disciplina e às instituições e fizeram o que é sua obrigação fazer.

Por outro lado, a obrigação de todos os cidadãos brasileiros é respeitar, em qualquer situação, a Constituição Brasileira, as leis e as instituições e assim vivermos uma democracia plena.

Infelizmente, muitos políticos hoje gastam nosso tempo e dinheiro em ataques mútuos, desconsiderando as reais necessidades do povo.

O Brasileiro permanece esperançoso. Ele acredita que, com educação e diálogo, o Brasil pode superar as divisões atuais e encontrar um caminho de progresso e justiça social. Sua vida é um testemunho das complexidades e das esperanças do Brasil, um país que, apesar de todos os desafios, sempre encontra uma maneira de seguir em frente.

Para que o Brasil retome seu caminho de paz e democracia plena, é essencial que cada cidadão se eduque politicamente, questione as informações que recebe e vote com consciência e responsabilidade. Só assim poderemos construir um futuro melhor.

O Brasileiro espera que, ao ler estas palavras, mais brasileiros reflitam sobre o caminho que percorremos e sobre o que ainda podemos construir. Que encontremos, juntos, a coragem para restaurar o diálogo, a paz e a verdadeira democracia. Porque, no fim das contas, o Brasil sempre será aquilo que decidirmos fazer dele.

www.ingramcontent.com/pod-product-compliance
Ingram Content Group UK Ltd.
Pitfield, Milton Keynes, MK11 3LW, UK
UKHW021955190726
13853UKWH00004B/1553

9 786560 151895